用簡單方法做複雜的事

文學與管理的對話

陳超明 謝劍平——著

文學能做什麼？

在美國念文學博士的時候，常被一些理工科或社會科同學質疑，為何來念英美文學博士？文學好像就是風花雪月的事，茶餘飯後聊聊即可，偶爾消遣一下就好了，對現代社會有何貢獻？當時，只能透過人文思維、文化道統的一些大道理，來闡述文學的重要性。

直到回到台灣，教了十幾年文學，有幸到「政治大學公共行政與企業管理中心」擔任主任，才開始思索一個文學博士如何能夠面對產業或管理學界？

當時吳思華校長找我談這個職位時，我楞了一下，直覺校長冒了一個很大的險，找個文學教授來接掌企管的教育訓練。兩年來，雖然不敢說「慧眼識英雄」，但是這些年來，管理訓練及企業投入的經驗，似乎發現文學與管理間也有對話的可能。偶爾讀一首英國浪漫詩，管理界的一些難題就解開了！

然而，這本書真正成形，卻是來自於一次偶遇。有次，為

了公企中心業務，去拜訪當時擔任中華投資公司的董事長謝
劍平。他在 1991 年曾在政大財管系服務，之後進入產業界，
辭去政大教職。那時，為了某個合作案，跑到他辦公室來，
幾年不見，儘管進入業界，他卻仍然保持學者的視野與研究
精神。當時，我很驚訝看到他辦公桌上攤開一本西洋經典，
一問之下，才知，他對於文史經典的熱愛，形成他獨特的經
營管理哲學。

　　這本書就在兩人的閒聊與辯論中形成。找了當時聯合報記
者孫蓉華、劍平的學生及我的研究生助理，大家一起找資料
及整理對話紀錄。花了一年時間完成初稿，又花了近一年時
間修稿。最後兩人停止了無止盡的討論，交出最後定稿。

我們兩人的一些共識

　　經歷兩年的對話，我們兩人想法越來越接近。這些看法事
關管理本質。我們認為：

> 　　歷年來管理的論述總是從目的性與技術面來切入，然
> 而從實際執行面來看，多變的人與事、微妙的時代變化、不
> 同哲學思維的論辯，總是主導整體管理學的脈絡。成功的管
> 理者，不僅要掌握有效的管理技巧，更要從理念與人文的觀
> 點，建立宏觀思維。所謂好的領導者是以價值、理念驅動追
> 隨者。

　　我們試圖從人文與藝術、哲學觀點切入談管理，主要有三大原因：

　　首先，管理永遠是對人的。過去企業一直用量化、質化來管理人事，往往忽略了人性這個最重要的因素。我們常說對事不對人，其實大部分的事都與人有密切關係，任何談管理的理論，如果不能從人出發，就喪失很多主體性。

　　第二，管理是一門藝術。管理個人或單位，不是要以高壓利誘的外在驅動形式，而是從內在方式，建立一個令人感動與投入的運作模式，那是一門藝術，藝術一定要從美學觀點切入，管理要用藝術的觀點來看，要從美學的觀點切入。

　　第三，管理是一種智慧。智慧要從前人累積的精華產生，要從典章文籍、從先人或者當代人的智慧去累積這些管理的方式與成功的模式。

　　因此，從人文、藝術、智慧的觀點來看，人文思維、美學、歷史文化及文學經典等等的智慧，就是這本書形成的要素與內容。

　　科學與藝術的結合，就是管理的精髓。坊間的企業管理書籍多半是談管理技術、管理分析架構等。這本書卻是談管理藝術與人文：管理是要包括各種文化背景、地域等，在全球化的時代，其運用不單單只是技術而已。只講管理技術，無

法解決企業經營方向與大戰略問題，而大戰略其實取決於信
念（belief），信念從童年、求學或早期工作，開始培養，從
個人、從歷史、從多元的思維來鍛鍊。

　　我們要探討古今在政治上、在文學上的管理的哲學思
維，從國內外企業管理成功與失敗的例子中，去淬取經營的
信念。我們兩人從不同角度出發，找到人文與管理合作與對
話的空間，檢視自己的管理信念，培養管理美學，對未來決
策，多一些清晰的視野。

　　文學到底能做什麼？經過這兩年的對話，圖像更加清
晰：文學是一種思維，文學是一種簡單美學，協助我們面對
企業經營的複雜面向：「用簡單方法，做複雜的事」，這就
是文學與管理的相遇。劍平，應該會贊同我的思維。

謝劍平自序

經營企業的決勝關鍵
領導者的觀念與視野

管理是門深奧藝術

管理深奧之處不在於學理，我認為管理是門科學更是哲學。我常於課堂上與學生討論該如何經營公司、留住人才，然而這些問題沒有標準答案。企業領導者並不代表一切，在我看來每家企業都有屬於他們的獨特文化，如果能讓管理團隊與員工保有最純粹的企業信仰，方能將「管理」的技巧轉化成淋漓盡致的藝術。更深層地去探究：管理是門「藝術」，所謂的藝術即是科學與哲學的融合，如同企業的策略與目標彼此相互輝映。

過往商業演變的軌跡，是一次次管理思想的革命與創新，面對充滿不確定性的未來及歷史似曾相識的重演，企業應透過標竿學習，找出屬於自己的道路，例如蘋果公司從設計搶眼的 ipod 出發，到打破固有傳統手機功能界限的 iphone，成功建立起自家嶄新的品牌定位，在全球競爭激烈的

消費電子市場獲得成功，其所依賴的企業文化精神就是「創新」。

　管理者的經營哲學對企業的營運模式具有深遠影響，進而塑造整體的企業管理文化，這正是企業能永續經營的關鍵之一。企業要能在競爭激烈的市場上永續發展，我歸納出下列要素：

　一、重視與客戶之間的關係。IC 公司矽睿總經理謝志峰曾說：「當台積電的競爭者非常痛苦，但是當台積電的客戶卻無比舒服，因為台積電會告訴客戶，該用什麼製程，未來發展是什麼，還可以告訴你未來五年你應該往哪個方向走，幫客戶掌握市場趨勢。」貼近顧客的需求，會讓客戶願意長久待在你身邊。

　二、持續性投入研發並且創造價值。蘋果公司藉由產品的破壞式創新，並搭配貼近客戶的銷售運作，藉此滿足顧客需求。

　三、部門與組織間、員工與員工間的競合關係。以 Goldman Sachs 為例，新鮮人在錄取進入 Goldman Sachs 工作兩三年後，如果沒有獲得提拔，就會自動離開、另尋出路，就是所謂的 Rise or leave，形成獨特的競爭文化。Goldman Sachs 的企業文化有點像賽車手的競爭平台，希望能找到最有能力的人來開這部車，也就是 find the best in the team，運用它們獨

有的 best practice 去推動公司運作。

　　四、強調穩固企業信仰，藉由企業內部組織穩定運作來建立營運模式和企業文化。

　　五、槓桿企業文化。針對中小型企業，可以透過財務槓桿或人力槓桿（HR Leverage），不斷更換團隊來協助企業運作。

我與超明的激盪思辨

　　我與超明同年自美國返台任教於政治大學，他是台灣少數具英美文學與管理經歷的學者，他的文學思維時常開拓我的經營視野，在他眼中企業治理皆能化成人文藝術的瑰寶。我進入產業界約二十年，盼能以自身在業界的實務經驗融合教學回饋給莘莘學子，因此於 2012 回到學校任職。

　　由於過去的經驗，我發現領導者在建立制度時，必須同時兼顧經營者與管理者的角色，所謂經營者是能夠為企業建立未來藍圖，管理者則是徹底執行實踐藍圖的必要步驟與策略。領導者更要能適時激勵夥伴及追隨者的熱情，鼓舞人心朝向組織的目標前進。企業制度則是在輔佐領導者能夠帶領員工，共同達成所擬定的未來藍圖，這才是成功企業的制度與領導者的完美結合。

　　現今企業的經營戰略中，領導者的觀念及視野仍是決勝關鍵，而所散發出來的管理文化與管理藝術即是企業成功的基底。因此我與超明從管理藝術人文的思維出發，結合自古至

今政治、文學及商業上的管理理念，期盼藉由此書帶給讀者對管理有別於其他書籍不同的感受與認知，最後感謝聯經出版公司的協助，及我的三位助理許家禎、林相美與陳盈君的幫忙讓本書得以順利發行。

CHAPTER 1

領袖的誕生

成功的企業領袖能清楚掌握自身角色，

不僅開創時代，也能看準潮流變化，順勢而為。

Every king springs from a race of slaves, and every
slave had kings among his ancestors.

——Plato

國王的祖先都曾是奴隸，而奴隸的祖先也曾出身王室。

——柏拉圖

　　希臘哲學家柏拉圖有一句經典名言，他認為，王者領袖的
成就是自身不斷奮鬥的成果，卑微的奴隸也能培育出菁英人
才，而低下階層的奴隸則可能出身顯赫，簡單來說，成功的
領袖來自本身不斷的磨練；同樣道理，中國歷代開國君主有
出身貧賤者，尋常老百姓也可能是名門之後。白手起家的企
業家故事總是為人傳頌，我們不禁要問，究竟何種特質的人
才能成為英雄、領袖。

　　本書的第一章先談談領袖的誕生。任何企業的崛起，都需
要有見識、有作為的領導者率領員工開創新局，全球經濟環
境急遽變遷，講求菁英人才培育的同時，我們不禁要問，企
業菁英究竟是天生王者，還是後天培養？這也呼應策略學上
的經典議題——「時勢造英雄」或是「英雄造時勢」。

領導人：成功的關鍵要素

　　每個時代一直在尋找好的領導者，無論是企業界或政
界，一位傑出的領導人絕對是成功的關鍵要素。

回顧人類歷史，許多片段宛如偉人、英雄的傳記史，美國前總統雷根（Ronald Wilson Reagan）執政八年，美國歷經急遽經濟衰退，他的經濟政策讓美國於 1982 年起出現明顯的經濟成長，「雷根經濟學」加上擅於溝通、說服，使他成為美國人心目中最偉大的總統之一，深深影響美國 1980 年代的文化，而 1980 年代更常被稱為「雷根時代」。

蘋果電腦創辦人賈伯斯（Steve Jobs）成功打造麥金塔電腦、iPod、iPhone、iPad 等知名數位產品，蘋果電腦的發展歷程堪稱是數位科技、工藝美學的進化史，甚至出現 Steve Jobs Era（賈伯斯時代）一詞，精準形容賈伯斯打造的消費性電子產業榮景，大批消費者死忠追隨，甚至還因此出現全新詞彙「果粉」，形容蘋果粉絲的力量。

特拉斯（Tesla）創辦人馬斯克（Elon Musk）找出新的成長機會，特斯拉自生產起，就不被定義為傳統轎車，而是定位類似於蘋果的汽車體驗工具，特拉斯成功的破壞式創新，找到消費者的需求，創造新的價值體驗。類似成功的案例還有由 Garrett Camp 與 Travis Kalanick 在 2009 年成立的新創企業 Uber，Uber 提供共享、共乘服務，也打破以往計程車單純接送的服務，建構獨特消費者體驗，打造專屬市場，成功引導企業開發新市場。

當我們知道一位成功領導人物的重要性，隨之而來的疑問是：「企業領袖的出現是否有跡可循」，面對這些問題，我

們可以透過下列幾個面向一一探討。

領袖的定義

既然主題是探討「人」的特質，我們先從人文觀點出發。

Universal History, / the history of what man has accomplished in this world, / is at bottom the History of the Great Men /who have worked here. / They were the leaders of men, / these great ones; / the modellers, patterns, / and in a wide sense creators, / of whatsoever the general mass of men contrived to do or to attain; / all things that we see standing accomplished in the world / are properly the outer material result, / the practical realization and embodiment, / of Thoughts that dwelt in the Great Men sent into the world.

——Thomas Carlyle

英國十九世紀散文家托馬斯‧卡萊爾（Thomas Carlyle）在《英雄與英雄崇拜》一書中提到：「世界歷史，也就是人類在這世界完成事情的紀錄，基本上，是一部偉人的歷史。而這些偉人都是我們的領導者，也是我們的典範。而且在某個層次上來說，他們也是創造者，創造出大眾想要做或獲得的事物。這世界上一些外在事物，都是這些偉人想法的具體

實現。」

卡萊爾認為，世界歷史之所以演進，主要是領袖人物成功完成他們的目標領導，領導人物的成形不僅是天生，環境也扮演重要因素，換句話說，領袖的誕生是人與環境等因素交互影響。

究竟何謂領袖？卡萊爾認為，**一位好的領導人物可以看穿眼前世界的複雜，了解它的規範以及運作法則**；簡單來說，領袖具備的特質包括創新格局、勇於質疑、洞察能力、持續堅持、反省能力及企業責任。

創新格局，追隨者眾

創新格局意指創造新的產品、趨勢，進而領導時代前進，微軟電腦創辦人比爾蓋茲（Bill Gates）13 歲開始電腦程式設計，就讀哈佛期間開發了一個程式語言版本，並設計第一台微型電腦 MITS 牛郎星，20 歲創辦了微軟公司，他認為電腦勢必成為重要的工具，於是致力開發電腦軟體，成功將軟體產業化，也將微軟打造成軟體帝國。

藝文界也有類似的典範，美國作家史蒂芬·金（Stephen Edwin King）以《魔女嘉莉》（*Carrie*）一書初試啼聲，縱橫文壇 40 年，作品銷售超過 3 億 5 千萬冊，堪稱是驚悚小說的開創者，其小說甚至改編為電影、電視影集及漫畫書，不僅博得「驚悚大師」的稱號，甚至吸引許多作家跟隨他的寫作

模式。

希臘史上最著名的哲學家蘇格拉底（Socrates）一生沒有留下任何著作，而是由他的學生柏拉圖協助記錄他的思想、生平，《對話錄》（*The Socratic Dialogues*）一書中記載了蘇格拉底在倫理學領域的貢獻，他也被視為西方哲學的奠基者。

「凡事懷疑」是蘇格拉底最重要的精神，他認為，**知識的來源是論辯**，他對任何事都保持疑問且不斷發問，外界稱讚他很有學問，他卻回答：「我很清楚自己沒有學問，所以要去追求學問，我的學問在於我承認不知道。」這觀念也對西方文化扮演重要的啟發角色。

勇於質疑，激發潛能

我在美國就讀博士班時，深刻體驗東西文化的不同，有些課程的重點就是不斷發問，上課方式完全不同於台灣的教室文化。當時有一門課程的上課方式是由每位學生提出三到五個問題，老師不提供答案，學生藉由問題相互討論，以問題養問題，如果提不出好的問題，上課就尷尬了。

由此可知，如何問出有水準的問題，往往比回答還難，那麼要如何問出有水準的問題？

養成發問的習慣，才能進一步找到解決問題的方法，且不怕提出的方案被質疑，通過各方提問考驗，才能證明這方案可以解決問題。

如此說來，蘇格拉底很早就有此領悟，他擅於質疑、發問，引導而來的概念是「沒有經過檢驗的人生不值得活，沒有經過檢驗的實證都不可行」。現代講求實用論，有些 crazy idea 沒有經過檢驗或無法通過驗證，就不能成為 creative idea，雖都是 C 開頭的詞彙，但能把 crazy 化成 creative 才是創意。

其實，勇於質疑並非西方人特質，至聖先師孔子比蘇格拉底早生八十二年，當時他已經常挑戰學生，拋出問題引導學生懷疑、思考，師生因此共同創造許多充滿智慧的格言，迄今仍是後人傳頌的經典。可惜的是，台灣現今的教育缺乏論辯，職場上前輩、長官的指示過多，身為後輩、部屬選擇聽命行事，缺乏質疑與開創性的環境。

所以我認為，**一位好的領導者應該扮演輔導潛能的角色，挑戰部屬進而挖掘對方的潛能**，一旦領導者過於英明、獨攬大權，每次開會總是由領導者拍板定案，久而久之，部屬不想動腦，形同武功被廢，只學會逢迎拍馬或揣摩上意，影響企業文化，致使部屬無法發揮應該發揮的功能，拖垮組織效能。

洞察趨勢、發光發熱

觀察古今中外的領導者，「洞察力」是必備特質，唐朝第二位皇帝唐太宗李世民在位二十三年，開創中國歷史上著名的貞觀之治，奠定唐朝盛世基礎，他鼓勵眾臣批評他的決

策，廣納諫言，其中魏徵進諫兩百多次，造就明君良臣的最佳典範。唐太宗懂得在時代中找機會，掌握趨勢，成功建立典範後才可長可久。

一位好的領袖嗅覺敏銳，能快速掌握潮流變化，引領趨勢，同時也會帶領菁英齊力開創環境、開疆闢土後，最重要的是創造更多追隨者，為追隨者尋找更多機會，啟動接班人計畫，退居第二線，傾囊相授，讓部屬嶄露頭角。

IBM 於 1990 至 1992 年間連續虧損三年，金額將近 2 百億美金。1993 年董事會找來葛斯納（Louis V. Gerstner）擔任新執行長，葛斯納來自食品與菸草公司，積極與一流證券分析師、業界領袖、供應商、內部員工會談，歸納出一個結論：資訊業將邁入「吃軟不吃硬」的境界，硬體不再值錢，軟體服務才是日後的核心競爭能力，IBM 勢必大規模轉型。

葛斯納改革的重點，是要求工程師轉型為產品經理，提供軟體服務，但恐龍級的企業連轉個身都不容易，而葛斯納也不是業界出身，自然在公司內部受到不少阻力，他祭出鐵血手腕加上配套措施，終於成功扭轉 IBM 的劣勢。葛斯納於 2002 年退位，由副總裁接任。

好的企業領袖可以把握市場趨勢，建立新的營運模式，或是開發新材料、新技術；嗅到市場需求，企業領導者才能意氣風發，大展身手。

以台灣房地產市場為例，許多建商在 90 年代末期不斷

推案，但市場卻沒有重大變化，直到 SARS 期間，房價跌落谷底，刺激市場需求，加上低利率及市場充沛資金的推動，房地產價格出現反彈，造就後續五至七年間房地產市場的榮景。

事後諸葛容易，我們要問的是，究竟多少人能夠把握 SARS 時的機會進軍房地產市場、賺取高額利潤？當市場需求出現後，多少企業能夠掌握時機積極布局？此時即可看出企業領導者視野與判斷力的高下，**懂得掌握時代變遷，便是領袖崛起的時機。**

另一個例子，我們來看亞太地區如何成為高科技產業代工廠。1980、90 年代，美國高科技業亟欲降低營運成本，將企業資源集中於技術研發、品牌行銷與管理，生產製造的產能釋放給其他科技代工廠，亞太地區的科技廠商便把握機會發展 OEM*，進而在之後邁向 ODM*。

OEM（Original Equipment Manufacturer）

是指原始設備生產商。原指採購方提供設備及技術，由製造商提供人力與場地來製造產品，由採購方負責銷售的一種生產方式，但近年來，大都演變成由品牌廠商提供專利授權，由製造商生產貼有該品牌的產品，在台灣，我們簡稱為「代工」。

智慧型手機的崛起也是如此，根據調查，台灣智慧型手機普及率達 67%，也就是說 2014 年全台每十個人有近七個人使用智慧型手機。歸納原因，網路傳輸技術大幅進步，頻寬和傳輸速度的提升，完善網路工程，促進了市場需求，而手機業者掌握趨勢，成功抓住智慧型手機興起的浪潮。

堅持到底，堅定信念

The characteristic of genuine heroism is its persistency. All men have wandering impulses, fits and starts of generosity. But when you have resolved to be great, abide by yourself, and do not weakly try to

ODM（Original Design Manufacture）

是指原始設計製作。主要是指由採購廠商委託製造商，從設計到生產一貫作業，而採購商則負責銷售與品牌建立，這也是代工的一種，俗稱「貼牌」。

ODM 與 OEM 最大的區別，在於 ODM 由製造商負責設計與製作，對於產品擁有主導權，至於所生產的產品可否另行貼上其他品牌銷售，則要看採購、製造兩者之間的協議而定。

reconcile yourself with the world. The heroic cannot be the common, nor the common the heroic.

——Ralph Waldo Emerson

英雄真正的特質在於堅持，所有人都有莫名的衝動、慷慨大方，不過，一旦下定決定要成為偉大的人，務必堅持，不可軟弱或與外在妥協。英雄不可能是平凡，平凡不可能是英雄。

——愛默生

美國詩人愛默生多次在作品中提及他對英雄（或領袖）的定義，**「堅持」是最重要的特質**。在此，我們來聊聊美國銀行家 J.P. 摩根（John Pierpont Morgan）。摩根出身富商家庭，當美國產業界需要鐵路做為運輸工具時，他利用旗下的投資銀行協助鐵路業發展，大力推動美國的鐵道網絡成形。他觀察到鐵路興建對鋼材的需求，進而創辦聯邦鋼鐵公司，購併當時被譽為鋼鐵大王安德魯・卡內基（Andrew Carnegie）的公司，創造美國最大的鋼鐵公司，成為美國鋼鐵巨擘。

摩根一手打造金融帝國，延伸的摩根體系全盛時期擁有740 億美元的總資本，相當於全美企業資本的四分之一，他堪稱是美國近代金融史最具影響力的金融鉅子，甚至被形容為「華爾街的拿破崙」，可見其權勢。

一路走來，摩根遇到許多阻力，包括當初有意涉足電力行

業時，連自己的父親也不認同，但摩根認為電力行業有發展
潛力，堅持投入。包括摩根在內的許多中外名人，都有著不
與外在世界妥協的勇氣、毅力，當許多人放棄理想，內心堅
定的人卻持續堅持自己的理念，他們就是領袖的典型。

自我反省，避免盲目

弔詭的是，古今中外不少人具有開創性視野，也有行動
力，但卻不是人人都能成為好的領袖，**關鍵在於反省力**。

典型的例子如希特勒、格達費、拿破崙，英國詩人拜倫
（George Gordon Byron）曾如此形容拿破崙：

> Ill-minded man! why scourge thy kind
> Who bowed so low the knee?
> By gazing on thyself grown blind,

> 心術不正的人，為何你要踐踏你的同胞，
> 他們屈膝在你面前，而你只看到自己，逐漸變得盲目

偉大的人物，如拿破崙，滿足於眾人臣服其膝下，目光只
看到自己，也就漸漸喪失了當時的視野。當一個人眼中只有
自己，自然會逐漸盲目，最後落入末路，野心也變得毫無意
義；具有反思能力的企業開創者與領導者，才能避免日後因
盲目、野心而過度擴展，造成毀滅。國內外都有不少的大財

團或企業,在領導人的盲目與野心下,一夕之間煙消雲散,令人唏噓。

1998 年,花旗銀行與旅行家集團合併,成為美國第一家跨足銀行、保險、共同基金、證券交易等多角化經營的集團,不過,美國於 2008 年爆發二房危機,迅速波及各家銀行的信貸部門,花旗股價由 60、70 元跌到 1 塊不到,受創嚴重,最後只能由美國政府伸出援手。

取之於社會,用之於社會

有些企業領袖成功累積財富,卻不知如何運用,其實換個角度想,**企業蓬勃發展不是一個人的功勞,而是眾人齊力打拚的成果**,有智慧的領袖會將自身定義為「社會管家」、「掌櫃」,有了管家的概念,才會願意給予。

好的企業要能取之於社會、用之於社會,也就是抱持「社會企業」的重要概念,領導者才能成為令人崇敬的典範。

前面提到的摩根,不只是美國史上著名的金融鉅子,同時也是知名慈善家,他的善行不僅限於金錢捐贈,還協助創辦植物園、圖書館、藝術館,讓美國民眾接收大自然及文化的薰陶,堪稱是企業領袖的典範。

摩根利用金融投資累積金錢、運用財富,但也同時投身社會福利事業,充分展現社會責任,取予之間如此氣魄,才是

企業領袖的格局。

時勢造英雄？英雄造時勢？

人生大放異彩的機會只有一、兩次，稍縱即逝，掌握時機是領袖出線的關鍵，時不我予成了悲劇英雄，然而，時局變化莫測，一旦局勢不可為，具有領袖特質的人是否就無能為力？

回顧歐洲十八、十九世紀的歷史風潮，英國、法國對於人才的崛起有截然不同的看法，英國十九世紀的文化學者馬修・阿諾德（Matthew Arnold）提出以下看法：

> There is the world of ideas and there is the world of practice; the French are often for suppressing the one and the English the other; but neither is to be suppressed……. Force and right are the governors of this world; force till right is ready.

> 世界有兩種：強調觀念、重視實踐，法國人強調觀念、輕忽實踐，反之，英國人欠缺觀念、重視實踐。事實上，兩者皆不可偏廢，執行力與時機主宰世界運轉；當時機到來，全力以赴。

當代許多理論都是由法國人建構，如法國哲學家米歇

爾‧傅柯（Michel Foucault），法國人偏重觀念，缺乏執行力，而英國人重實踐，但缺乏宏觀思想。兩者缺一，均無法造就英雄時代。

　　領袖出現的關鍵在於時勢以及個人特質，如果時機不對卻強力運作，突顯強勢作為，只會成為特立獨行、偏執頑固的獨裁者。然而，如果客觀形勢已成熟，掌舵者卻沒有執行能力，也不可能成為優秀的企業領袖。

　　聯華電子創辦人曹興城曾經分析 IT 產業的興起，他認為，台積電董事長張忠謀掌握時勢挺身而起，創造台積電；反之，他自身則是創造了時勢。事實上，曹興城忽略了時機的重要性，時機未到卻強勢而為，一旦時勢來臨，無法像張忠謀順勢而起，只能徒呼負負。

順勢而起，領袖崛起

　　時代變遷有許多因素，例如知識發展、技術革新、文化思維提升，綜合起來推動了市場轉變，例如科學家新穎的發明、消費者重視自身權益。不過，大幅改變並非一夕之間，如同土壤培育需要大量肥料，日積月累，豐沃土壤終能培植花草，孕育出美麗景色。

　　世事瞬息萬變，一名稱職的領袖正是具有眼光，懂得把握時機的關鍵人物，也就是 Do the right thing with the right people at right time，「**在對的時代做對的事情**」，一位成功的企業

領袖能清楚掌握自身角色，不僅開創時代，也能看準潮流變化，順勢而為。當我們思考如何培養創新能力時，也應仔細觀察周遭環境變化，在最佳的時機中找到最佳的切入點，順勢而起；累積自身能量與超越別人的思維，在對的時間就能成為企業與社會的領袖。

CHAPTER 2

非理性引導進步

非理性的人堅持要世界配合他，

因而世界的成功與進步，便仰賴非理性者的創意與堅持。

The reasonable man adapts himself to the world;
the unreasonable one persists in trying to adapt the
world to himself. Therefore, all progress depends on the
unreasonable man.

——George Bernard Shaw

明智的人懂得自我調整以配合世界；非理性的人則堅
持世界配合他；由此可知，所有進步都是靠非理性者。

——蕭伯納

愛爾蘭劇作家蕭伯納（Bernard Shaw）認為，**世界的成功
與進步需要非理性者的創意與堅持**，具有挑戰性與毅力的人
才可能帶領社會或團體進步。

領袖的時代可遇而不可求，時代的領袖更是少之又少。然
而，社會需要具有開創性、堅持理想的「非理性者」，本書
第二章嘗試由「人與學習」的觀點出發，討論企業領導者的
誕生，我們不妨回頭檢視，自己是否是下一波的領導者。

站在高度思考，迎接嶄新的明天

天生領袖看來似乎遙不可及，但每個時代、行業都可能出
現佼佼者，或許我們很難在這個時代期望領袖，但我們可以
明確找出其中的佼佼者。一位傑出的領導者除了蕭伯納所說

的堅持理念,還有何種潛能?領袖是天生的,領導人物是否能後天培養而成?

　　有一次我到美國紐約開會,八十多層樓的辦公大樓,對面是中央公園,窗外景致美麗,而室內長形會議桌圍著一群投資銀行家、基金經理人,眾人熱烈討論區域型企業如何在國際競爭中開啟第二核心產業;會議結束後,走出大樓,人車喧囂,我不禁陷入沉思:企業總裁如何推動龐大企業的轉型?腦中想起美國詩人愛蜜麗‧狄更生(Emily Dickinson)的一首詩:

> A daring fear – a pomp – a tear
> A waking on a morn
> To find that what one waked for
> Inhales the different dawn

> 猛然一驚,看著壯觀一切,眼中感動含淚。
> 早上醒來,問自己為何甦醒,
> 這一切都是為了迎接嶄新的一天!

　　望著紐約的壯觀街景,深受感動,在芸芸眾生之間醒來,都是為了開創所有一切新的契機!

　　身為企業領導者,面對瞬息萬變的市場,必須不斷挑戰現有思維,開創新的一天,如果無法跟隨市場腳步,甚至懷抱

超越市場的企圖心，恐怕難有勝出機會。近十年來，科技產業的生命週期越來越短，如果企業無法保持產業鏈的領先地位，無法在市場競爭中長期生存。

比較三十年前的美國財星五百大企業及現今五百大，不論是企業類型或營運模式都有大幅變化，持續保持領先的企業越來越少，原因很簡單，市場環境變化迅速，企業領導者的經營思維及商業模式都必須隨之轉型，甚至提早發掘市場、超越市場，才能及早爭取到領先優勢以及市場競爭力。

所謂「超越市場」並不簡單，這意謂管理階層必須有一套新的商業模式，並足以影響市場、帶動趨勢。

為何不簡單？全新商業模式勢必經過四個步驟：價格競爭、市場拓展、市場競爭，最終全面普及走入市場。每個步驟都考驗管理階層是否有能力因應市場變化，直到新的商業模式全面普及，才是真正超越市場，成為帶動趨勢的領袖。

時空環境＋個人特質＝領袖養成

然而，領袖人物可以後天培養嗎？

一流天才如畢卡索、莫札特，天賦與生俱來，**但二流「天才」企業領導階層是可以後天訓練，培養認知能力*、想像力及解決問題的能力。**

談到人才訓練，德國哲學家康德（Immanuel Kant）有一套天才理論：Genius is the originality of the natural endowments of a subject in the free employment of his cognitive faculties（天才是將個人天賦充分發揮，充分學習後自由運用）。

康德認為，一流天才、藝術家即使天資聰穎、才華洋溢，也必須發揮他的認知能力，換句話說，天才除了天賦，後天學習也發揮作用。簡單來說，沒有天生的領導者，也沒有百分之百靠後天培養的領導者，主要是個人特質與時空的交互運作，也就是「對的時空產生對的領導者」。

企業領袖也是如此：創意、才氣或許是天生，但認知能力絕對可以透過後天學習，積極培養專業知識、開拓視野，時間對了，自然發光發熱；Facebook 創辦人馬克‧祖克伯（Mark Zuckerberg）、蘋果電腦創辦人賈伯斯都是如此，他們的創意特質，加上後天思維（對人類需求的認知）、成熟的環境（科技硬體的成形），終能成為產業界的佼佼者。

認知能力（cognitive abilities）

是指人類腦力中，思考、整理及儲藏訊息與知識的能力。也就是我們對於外在事物構成或外在環境認知的能力，舉凡，知覺、記憶、推理、歸納、想像或批判性思考，都屬於認知能力。

自我培養，脫穎而出

想知道領導人才具備的特質，我們不妨先看看人力資源單位釋出的訊息。一般而言，企業單位尋找優秀人才或領導幹部時，共同需求的特質包括：

◆ 對人對事有熱情，在喜愛的事物上發光發亮。

◆ 有自信卻非自大、狂妄。

◆ 堅持、執著、耐磨、耐煩、耐心。

◆ 專業能力：熟悉自身業務，也能培養跨領域專業。

◆ 溝通：與長官、部屬的溝通能力。

◆ 平等對待同事，避免官僚待人。

◆ 不忌才：進用優秀部屬，願意授權。

許多談論企業領導人的書籍都曾提到上述特質，有些特質或許是與生俱來，有些特質是環境造就，但共同的特質是**具備很強的認知能力，清楚掌握自我定位**。

Trust thyself: every heart vibrates to that iron string.

——Ralph Waldo Emerson, *Self-reliance*

相信自我：每顆心隨著鋼鐵般的心弦跳動。

——愛默生《自力更生》

現在不妨靜下心思考：十五年後我要做什麼？

確定目標後，現在開始培養所需能力。自我培養是成為領導者的關鍵，一名領導者能夠脫穎而出，關鍵在於 30 歲前充分培養並展現能力，包括注意細節、良好的分析整合能力及具效率的執行力，決策能力也相當重要，擁有六成把握就能當機立斷，具有高度膽識及執行能力。

另外，「**軍人經過沙場磨練才能成為將領**」，**好的領導者必須歷練，培養視野、經歷及能力**。簡單來說，一名好的領導者需要**特質、舞台和機遇**三者相互配合。沒有人能事先掌握機遇的到來，然而提前做好準備，培養領袖特質並且尋找歷練的舞台，做好準備，時機一到，便能成為具有前瞻眼光及優秀判斷力的領導者。

管理階層的六大特質

身為企業管理者，先檢視自身是否有以下領導者特質：

◆ 通才（versatile）
◆ 理想性（idealistic or of visions）
◆ 企圖心（ambitious）
◆ 實踐力（to live in it）
◆ 洞察力（to see into it）
◆ 同理心（ to be sympathetic)

　　職場打拚一定要有「外在表現專才，內心則是通才」的思維，身為主管不僅要懂產品，也要懂行銷，更要全盤了解成本分析與人事管理，甚至採購流程也要略知一二，如此才是合格的領導者。

　　另外，理想性、企圖心加上有眼光，絕對可以提升自我格局，如果只看眼前的成就，很難往上成為真正的領導者。此外，一名好的領導者也要培養實踐的能力，有些主管只會動口，缺乏第一線的執行力，往往徒具理念卻無法執行，現今很多企業家第二代常有類似問題。

　　統一超商創業之初，慘淡經營，但是領導者堅持社區多元經營的標準化，終於在幾年後成為便利商店的龍頭；奮鬥的過程中，這些領導者都必須以理念去感動部屬或追隨者。

　　最後一項同理心是關鍵。老一輩的企業家比較有人文關懷的特質，這也是足以讓企業穩定的重要精神。現代企業講求績效、責任制，結果反而是變相剝削，領導階層即使擁有很強的管理能力與工具，卻缺乏領導能力，無法帶領部屬一同完成理想。

　　我曾有一次在傍晚五點多拜會永豐金證券的董事長黃敏助先生，這位金融界的前輩，對台灣的證券與金融市場貢獻良多，但最讓我感動的是臨下班前他說的話，多年以來，一直縈繞在我心中，也成為我個人一直記得的信條！

　　敏助董事長透露，他晚上盡量不應酬、不加班，因為一旦

加班、應酬，他的司機、祕書、隨行人員或部屬加起來，至少有 10 個人必須等到他下班才能離開，「不須為了我，犧牲他們的家庭。」他寧願把工作帶回家做。

這是多麼簡單的道理，但上班族都知道，真正要落實到職場宛如「天方夜譚」。

捫心自問，擔任主管時是否具備這樣的同理心？下班後想起一件事，是不是馬上打電話或傳 Line 給部屬交辦？永遠不讓部屬休息？

從現在開始，避免在下班時間交辦公事。很多人的理由是怕忘記，那麼此時請拿出紙筆，記下待辦事項，隔天再處理，克制下班後交辦公事的衝動。這是對人的尊重，學習「以同理心領導部屬，以理想性感染部屬」。

不是天才沒關係，可是要自詡為人才

我們常說「個性決定一切」，先天影響非常重要，但個性是否可經由訓練而調整？如果沒有具備膽識或耐心等英雄特質，是否可經由訓練成為領導者？

答案是肯定的，「個性是可以隱藏」，先天基因或許讓某些個性無法改變，但**值得思考的是，如何隱藏或轉移負面個性**。舉例來說，如果欠缺耐心，試著控制情緒，將煩躁轉移到其他事；如果缺乏熱情，試著面帶微笑，傳遞些許熱情，練習久了，先天個性會漸漸隱藏。所謂人格本性無法改變，

但是態度可以隱藏個性。

誠然，「時勢造英雄」，但領導者也應嘗試創造時機，利用機會傳遞自身理念，久而久之，一旦理念發酵，正是挺身領導之際。一位流行音樂大老曾說：「現今大眾喜好的音樂都是我們給的。」持續主打某些歌手或音樂，營造「不知道就落伍」的氛圍，如此才能引導潮流。

學習轉移或隱藏自己的個性，試圖去創造成功的「個性」，為自己創造機會，等待下一波的時機，都是成為領袖的重大關鍵。

人才不可能永遠被埋沒

不論大小企業、公司行號，「忌才」是組織常見的現象。身為專業經理人，不要害怕別人比較優秀：總經理可能覺得副總比他優秀，專業能力比他強，但總經理只要懂得當啦啦隊，扮演激勵的角色，整體業績仍歸於總經理。

不過，現實職場中，很多主管都打壓比他們強的人，藉此保住官位、維持優勢；遭打壓的部屬往往自行離去，找不到適合去處者，只能等待時局生變。

面對主管打壓，眼前只有兩個選擇：「鐵打的衙門流水的官」，繼續耗下去總會受人重用，但真正有領導能力的人，往往選擇走人，懷抱自信開創另一片天，結果可能成功，也可能失敗，但他願意冒險且願賭服輸。

想當領袖就必須有放手一搏的氣魄，算算自身有多少籌碼，例如手上掌握的客戶、人脈，自己是否是公司不願放棄的人才；不要害怕失去，因為結果可能得到更多。

記住，只要是人才，不可能永遠被埋沒。很多人抱怨無法大展長才，深陷懷才不遇的陰影中，久而久之喪失領導人應有的眼光、氣度，即使時機到了，還是無法出頭。說到底，不論身處任何位置，都要累積自己的資本：從實力到人脈，都是資本。

個人利益、團體利益的衡量

英國文學巨擘莎士比亞（William Shakespeare）對人性觀察細微，筆下劇作時常描寫各種英雄人物或領導人內心反覆的掙扎；《馬克白》（*Macbeth*）一劇中描寫從戰場回來的英雄，被野心與私利沖昏了頭，在女巫及野心勃勃的老婆誘惑下，殺死國王進而篡位，

（聯經出版）

最後還是死在自己的私欲中，馬克白承認：

I have no spur

To prick the sides of my intent, but only

Vaulting ambition, which o'erleaps itself
And falls on the other.

沒有其他外在刺激，驅使我的，

只是想要超越自我的野心，但也因此而失足

現今職場經常看到類似情節，業績突出的業務副總，為了個人私利，處心積慮扳倒上司；企業負責人為了滿足自我欲望與野心，將公司帶入極大的困境。究竟，一名好的領導者是否應以團體利益為優先？

其實以個人利益優先沒有什麼不好，因為團體利益是個抽象的概念，如果一切以團體利益為優先，難免瞻前顧後，領導人物如果處處都為團體著想，可能為團體拖累，無法突破現狀。

回頭看看英國哲學家邊沁（Jeremy Bentha）主張的「功利主義」，功利主義強調「自利」概念，個人追求自身最大的利益，相加之後得到社會最大的利益。這是正面的思維模式，像拿破崙以個人榮耀為第一優先，成為他突破困境的重要動力。

個人利益正當化

別誤會，這不是鼓吹領導人物應該自私自利。

誠然，野心讓人冒險，自利使人往前，身為領導者，如

果對自我沒有期許，難以成就。許多政治人物常說為百姓做事，難道他們沒有私心嗎？事實上，**考量自身利益才會想要有所為**，這是人性，多數人不敢明講，就怕被當成自私自利的野心家。

「利益」不見得是金錢，也包括名譽，有人想要「名留青史」，就會為此努力。先追求自身利益，才能回饋社會，像股神巴菲特，如果他沒有財富，如何回饋社會。

再進一步想，如果領導者沒有正當理由，如何感動追隨者、帶動單位的熱情？回頭看看馬克白，如果他結合其他掌權將軍，創造國家更大的利益，藉此**讓個人利益正當化**，他就不會備受挑戰，甚至慘遭追殺。

成功有時隱含下一次的失敗

商場發展有起有落，領導人物的沒落主要來自「個人」與「環境」的因素。

道理很簡單，因為多數人習慣複製成功模式。

有個朋友十幾年前開鐵工廠做工作母機，他買進日本、德國的機器，拆解後重新組裝製造，產品主要銷往東南亞，成功拓展工廠規模。當時，有人建議工廠應轉型以研發為重心，但朋友拒絕了，仍堅持以低價勞工進入低價市場，結果東南亞國家很快複製他的操作模式，不再需要他鐵工廠的產品，三年後鐵工廠黯然退場。

　　由此可知，**慣性思維容易讓成功的人無法向前**：今日成功的因素，卻成為日後失敗的主因。

　　對領導者而言，創造新的模式才能維持主導地位。領導十幾個人的單位，員工人數少，可採家族式經營，但如果員工增加至成千上百人，很難沿用溫情模式、持續把員工當家人噓寒問暖，員工可能還會欺負老闆心軟，此時領導方式勢必恩威並施，甚至翻臉不認人，才能建立領導者的威嚴。

　　不過，一名領導人物的式微，環境的影響比較大。許多領導者脫穎而出的關鍵，是因為掌握到趨勢、潮流，但產業生命週期的壽命很短，消費者的喜好難以捉摸，領導者不可能總是抓對方向；即使抓對方向，也可能無法挑戰自我，無法因應。

　　仔細想想，賈伯斯在人生的最高峰殞落，雖然是消費者的損失，但對他而言未嘗不是一種福氣，因為他不必面對被淘汰的命運。

自我努力與等待，成為企業領導人才

　　領袖氣質與生俱來，但領導人才卻可透過後天磨練。好的領導者不但要具備膽識與魄力，更要有理想性與視野，以同理心去帶領屬下，以堅強的毅力堅持理念。

　　美國詩人郎斐羅（Henry Wadsworth Longfellow）在《生命之頌》（*A Psalm of Life*），這麼說：

Let us then be up and doing,

With a heart for any fate;

Still achieving, still pursuing,

Learn to labor and to wait.

讓我們一起奮起、行動，

勇敢面對任何命運；

不斷完成，不斷追尋，

學習努力與等待。

努力（labor）與等待（wait）是必須的。成功的領導人才不但必須學習（learn），還必須努力向前，更重要的是等待時候來臨。

如果你懷抱領導者的企圖心，現在開始一步一步，實踐成為領導者的計畫。

CHAPTER 3

用簡單方法
做複雜的事

任何科學化管理工具施用的對象，終究是「人」，

然而，每個人的差異性大又極其複雜，

以人文角度來使用管理工具才能發揮效果。

An intellectual is a man who says a simple thing in a difficult way; an artist is a man who says a difficult thing in a simple way.

——Charles Bukowski, *Notes of a Dirty Old Man*

學者是將簡單的事複雜化，而藝術家是將複雜的事情簡單化。

——查理‧布考斯基，《髒老頭筆記》

討論完領袖與領導人物的特質後，我們來談管理這件事。

管理是一門科學或是藝術？管理學者將管理視為「科學」，進而發展出論述，許多企業也透過管理學者研發的管理工具，檢視企業績效。

二十世紀的美國詩人查理‧布考斯基（Charles Bukowski）分析不同的思考方式，他認為，學者與知識分子經常以複雜的論述討論簡單的事，藝術家則是用簡單的方式討論複雜的事；前者將事情「科學化」，以理論、作業程序規範事務，後者將事情「藝術化」，發掘簡單的原理，找出美學的方法，從人文思維出發，做出簡單的判斷。

事實上，**任何管理工具都必須實際運用在職場，會隨著管理者的人格特質或周遭環境變化，產生不一樣的效果**，這已經涉及人文藝術。

The aim of art is to represent not the outward appearance of things, but their inward significance.

——Aristotle

藝術的目的不是要呈現事物的外表，

而是其內在的意義。

——亞里士多德

如同希臘哲學家亞里士多德（Aristotle）所說，藝術的目的，不是重現事物的外在，而是表現它內在的意義。

因此，如果要討論管理，必須深入探討其內在的意義，而不僅是外在的規則與制度。換句話說，掌握管理藝術的本質，而不是管理科學的皮毛，才能隨著時空變遷建構出創意、多元、多變的管理機制。

管理要從「人」的觀點出發

許多管理學者習慣運用模式或量化，把簡單的事情講解成一套又一套的學術、理論，甚至發展出公式或表格，強調管理就是將人的事物納入規則。

可惜的是，鑽研管理的學者不見得是好的管理者，過多的績效評量工具如 KPI*，反而讓公司員工怨聲載道。科學化管理工具把人視為工具，缺乏人性關懷，更重要的是，人根

本無法純粹量化，整個企業環境的變化不是管理工具可以因應。

既然管理的對象是「人」，管理應從「人文」角度出發。

藝術是從「人」的觀點出發，藝術家擅長以最簡單的方式處理複雜的事物，化繁為簡，找出最貼切人心、適合企業的管理方式，這才是管理藝術的精髓。

科學與藝術的區別

科學是一種工具，不過，如何活用工具，屬於人文層面的工作。就拿畫畫來說，畫家知道所有的繪畫技巧，卻未必能畫出偉大的作品。

KPI（Key Performance Indicator）

關鍵績效指標。企業中的關鍵績效指標，指的是企業內部透過某些流程或機制的運作，來設定、計算、分析或評量員工表現的一種量化管理機制。首先將企業的組織目標或營業目標，分解為可操作的工作目標，而後明確要求各部門的主管，依其職責，明確地評量各部門人員的業績或業務能力。單位組織建立 KPI，經常成為績效管理的一種重要關鍵。

A painter told me that nobody could draw a tree without in some sort becoming a tree; or draw a child by studying the outlines of its form merely...... but by watching for a time his motion and plays, the painter enters into his nature and can then draw him at every attitude......

—Ralph Waldo Emerson

一位畫家曾告訴我，無法以某個方式化成樹木，是無法畫出樹的；只是研究其形體的大概，也畫不出小孩；也只有長期觀察其一舉一動，畫家才能進入其本質，畫出所有姿勢。

——愛默生

偉大的畫家要有自己的想法，擅長觀察，例如為老人做畫就應能掌握他內心的想法，如此才能表達他眼裡的憂鬱，精準畫出神韻，而不只是皮相骨架；同理可證，所有的科學工具都只是骨架，其中的學問則仰賴個人經驗及視野。

如果將管理視為科學，就可能只看到骨架；如果把管理視為人文藝術，才有機會探索其中內涵，如同亞里士多德所說，才能表現內在的意義。身為一名管理者，應該學習合理、技巧性運用管理工具，而不是把績效管理*、KPI 奉為圭臬。

　　我在此分享一個例子，政治大學曾經運用會計概念計算每位學生的成本，以及學生可能對學校的貢獻度，即使計算結果百分之百精準，但遭到校方否決，畢竟人的價值無法「等量」，也無法以所謂的成本計算。

　　教育可能需要十年、二十年才看到成果，學生不是業務員，不可能炒短線，「貢獻」的定義也相當多元化，不能只以成本來計算。

　　儘管如此，類似的例子依然層出不窮，大學教師評鑑制度以量化、績效的概念計算教師貢獻度，依照不同的研究成績衡量薪資差異，教師有如百貨公司專櫃小姐，定期呈報業績。為了應付評鑑制度，許多教師成為製造論文的機器，幾乎喪失了創造知識、追求知識、傳授知識的教學與研究使命。

績效管理（performance management）

是指對某個職位的工作職能所能達到的階段性成果，加以評價以及獎勵。簡單說，就是對於某名員工，在某個階段，如年終，針對其職位上的表現予以評價，藉以激勵及協助該員工達到優異表現的過程。這是組織為了實現目標，經常採用的管理方法。

　　管理階層沒想到的後果是，以機械式的工具算計員工，員工也會計較「公司為我付出多少」，彼此算計形成的企業文化就是「自私自利」。另外，公司完全以成本概念計算員工付出的程度，員工打拚完全為了獲利，少了理想性，一旦公司沒有獲利，很難要求員工共體時艱。

個人的風格影響管理模式

　　我在美國求學時認識一名猶太裔財務教授 Dr. Hexter，他的財務專業知識豐富，也知道在財務上運用槓桿原理可以得到更多好處，但手邊卻沒有任何一張信用卡，即使買車也是用現金交易，個人風格鮮明。

　　由此可見，一個人的個性和行為模式，影響整體的生活習慣，企業經營也是如此，經營者個人獨特的經營模式才是塑造一個企業文化的關鍵。

　　不同企業有著不同的文化，鴻海集團為了要維持低毛利企業的成長，勢必仰賴郭台銘的強勢管理以及嚴格紀律的企業文化；Google、Apple、Facebook 這類強調創意的公司，企業文化也有所不同。

常見的企業文化

管理者的經營哲學決定企業的營運模式，也會影響企業的文化，這通常是企業能在市場上永續經營的關鍵要素，常見的企業文化類型包括：

- ◆ 重視與客戶之間的關係：例如台灣的中國信託藉由財富管理業務，連結公司與客戶之間的關係。
- ◆ 強調產品研發：像 IBM 藉由產品的研發創新，搭配銷售文化，滿足顧客需求。
- ◆ 強調部門、員工彼此之間的競爭關係：像高盛集團只錄用頂級名校的菁英分子，工作兩三年後如果沒有升職就會自動離職、另尋出路；Rise or leave 成為企業獨特的競爭文化。
- ◆ 強調穩定、人和：企業內部組織穩定運作為其強調的企業文化，例如中華電信內部相當穩定，人事晉升99％是透過內部考試，許多員工更是一起工作二十、三十年直到退休。
- ◆ 強調槓桿原理：企業常見透過財務或人力槓桿，不斷更換團隊以協助企業運作，比較有名的例子是日本的軟體銀行，由一家資訊商展的公司跨足網路寬頻領域，之後透過借錢併購等財務槓桿方式，2006 年收購日本電信業者沃達豐（Vodafone），2013 年投資美國電

信業者 Sprint，成為持股 80% 的最大股東，同年底更
傳出有意買下美國電信業者 T-Mobile，如果成功併購，
軟銀將擠身全球前三大行動通信公司。

關於企業文化，商場有個經典例子：前中興票券董事長
汪樂山極具個人管理風格，他堅持公司人數維持在最精簡狀
態，因此，公司大量運用專科和大學工讀生，負責業務助
理、協助後台結算等工作。當時，全公司約 240 人，正職員
工占 160 人，其他都是工讀生。他也主張工讀生不可留用，
維持工讀生的流動性，大規模降低公司的人力成本。

不論何種企業文化，經營者的管理哲學必須隨著時代而改
變，吸納認同企業文化的人才，找到最好的專業團隊，企業
才能長長久久。

管理制度：企業文化的傳承

一般來說，管理制度來自管理者獨特的設計以及企業文
化的傳承，長榮集團是很有名的例子：長榮每次招考一定招
募應屆畢業生，因為畢業生如白紙般易於接受企業文化的薰
陶，同時又擁有創新、挑戰的特質。

另外，招考時分為筆試、口試：筆試包括心算、性向測
驗，藉由四則運算等看似簡單卻繁複的問題，測試人才的細
心程度；口試除了測試語文能力，更能考驗其道德觀與廉潔

程度。

　　員工招募完成後，下個重點是培育人才，許多企業培育人才採「師徒制」（mentor），例如 IBM 將新人的養成計畫稱為 Mentor Program，由資深員工擔任導師，對新進員工提供協助。台積電張忠謀由德州儀器引進師徒制，每位新人在進入公司時都有一位師父帶領，導、生間互相學習，教學相長，傳承台積電的「工匠精神」。

　　人才輩出的環境中，管理者必須適時運用優秀人才，讓企業更有競爭力，資深員工也透過傳承經驗以帶領企業，團隊的重要性不言可喻。

　　早期中國商銀和交銀合併，顧問公司花了很多時間挑選 200 至 300 位員工，包括部門主管、意見領袖、工會領導幹部，挑選的對象主要是對公司企業文化、經營管理最具影響力的員工，透過這些員工，促使雙方整合更快凝聚共識，帶領公司重新走入營運的正軌。

　　總而言之，不論是個人風格或是企業文化，都無法用科學概念涵蓋，懂得將管理經驗轉換成無形的資產，管理才能可長可久。

挑戰當今的管理教育

　　認真想想，以往尚未出現 KPI 這些科學化管理工具時，企業家早就已經懂得管理的藝術，例如福特汽車曾發展一套

工廠管理的作法，不僅最早著重工廠管理，標準化作業在當時就是一門管理藝術，包括每個製程、零件組織板金、庫存等，都有標準作業流程，對管理有很大的影響。

事實上，標準化的管理藝術是現代主義的概念，十九世紀強調人治，崇尚英雄、領袖；二十世紀強調效率、精準，辦公室設備是最典型的現代化概念，例如白色辦公室給人乾淨、整潔、高效率的感覺；早期醫院以白色為主體色；日本銀行要求穿西裝打領帶，都是希望傳遞專業形象。

不過，到了二十世紀末，標準化、專業化轉而成為「冷酷、沒有人情味」的象徵，進入二十一世紀，「人的接觸」備受重視，機器製漢堡不夠溫馨，餐飲業開始強調 homemade。潛艇堡 Subway 或 Chipotle Grill 雖是標準化作業，但消費者可以享有 personal choices；區公所揚棄公家機關的莊嚴，追求便民形象，這都屬於二十一世紀的人文思維。

管理的藝術「對事也對人」

許多管理階層很喜歡標榜自己「對事不對人」，但這句話其實大有問題。

任何事情都會牽涉到「人」的因素，舉例來說，主管對新進人員本來就不容易放心，同樣一件事交派給新、舊員工處理，主管的關注度自然不同。

真正的管理藝術應該是「對事也要對人」，例如兩人同樣

做錯事，其中一人與主管沒有淵源，可能被開除，但如果是主管的人馬、親戚等有關係者，可能不會被處分，全公司都會緊盯主管處理的方式，事涉個人管理風格，更可能因此形塑企業文化。

上述情形該如何處理？如果開除自己人，恐引起私領域的紛爭，但縱容自己人犯錯，勢必無法服眾，如何處理得當，都是管理中必須處理的問題。

這幾年管理領域發展出大量科學理論，但不論如何推陳出新，討論的其實還是「人」的管理，最後都是由人做決定，每個決定可能環環相扣，正負抵消後，好壞難測，學習管理則可協助主事者做出好的決定。

（聯經出版）

莎士比亞筆下的《李爾王》（*King Lear*）堪稱是錯誤的示範：自大的李爾王詢問三個女兒對自己的看法，做為治理國家的參考，大女兒與二女兒的諂媚言語讓他完全忽視三女兒真誠、正直的性格，最後甚至將國家交給自私無德的女兒，造成了日後動盪不安；李爾王與三個女兒的對話，凸顯出**明智決策需要強大的分辨能力**，正是考驗主事者的管理能力。

任用親人之所以引發關注，不是這個人是否有能力，而是

一旦透過特殊管道進用，必定在公司有特殊地位，影響他人對待及自身的行事作風，久而久之，容易造成公司組織文化的質變。

前面提及，領導者的性格塑造其管理風格，而管理哲學是量身訂做，有些領導者思維瞬息萬變，翻臉如翻書，永遠讓部屬猜不透，營造自身權威性，領導者常思考如何創新，屬下永遠追著新東西跑，沒有時間挑戰對錯，久而久之領導者自然扮演前瞻的角色。

然而，另一種領導者是作風穩健，其想法、作法、行為都可預測，管理哲學偏重集體創作，將管理當成一種舞台，自己扮演如管家或專業經理人的角色，帶領眾人邁向大方向，張忠謀、西方企業執行長等都是典型的例子。

不經意的管理：「沒有目的」的目的性

這要談到康德的藝術觀，他主張「沒有目的」的目的性，起初看似沒有特別目的，但最終有一個目的，而此目的並非事先刻意訂定的。康德以上帝為例，上帝一開始創造宇宙沒有刻意的目的，但當世界成形後，達成一種「沒有目的的目的性」。

因此，領導者管理時，切忌刻意到讓部屬察覺，這才是經營管理的最高境界，例如，探視生病的員工以博取員工好感，但真心關心員工，無須刻意，自然會達到目的；故總統

蔣經國先生的民間友人，雖是經過挑選，卻看似不經意締結的友誼，成功收買人心；微軟立下業績成長的目標，但不是直接訂定成長幅度，而是將目標轉為「讓家家戶戶都有個人電腦」，一旦目標達成，業績自然成長達標。

不過，弄巧成拙的不在少數，總統馬英九到學校與年輕人對話，但因選舉接近，類似「有目的」的管理，堪稱下乘之作。類似愚民政策，古今中外都有，巴拿馬獨裁者諾瑞加一旦得知某士兵家中有人生病，會突然搭乘直升機降臨，搞得跟神一樣。

許多企業徒有效率、績效等機械式管理工具，但運用管理工具事涉藝術，不是把員工當成棋子粗糙對待，更重要的是，任何管理者必須有自己的一套經營哲學，如此格局才會宏大。

現今很多學校利用獎學金、高薪，爭取老師的效忠度，這一套管理方法不是學校獨創，而是仿效企業界早期的作法，不過，這樣的作法有潛在風險，畢竟學校一旦沒錢，後續經營勢必陷入困難，許多教育單位、公家單位奮力以低階的經營利潤經營，喪失永續經營的可能性，其中分寸的收放，端看企業經營者是短視近利或是眼光長遠。

了解部屬才能適才適所

十九世紀人文主義強調整體，但後現代是強調個體，把員工視為「個體的人」，繞了一圈又回到私領域，仍然要講人與人的互動。相較之下，日本職場比較接近這個理念，同事在公事之餘還會有些互動，相對於美國公司就認為，員工間不必帶有太多感情。

哪一種概念比較好？以管理的角度來說，美國的職場文化重隱私權較欠缺人性關懷，然而主管了解部屬的生活背景、家庭狀況，日後才能根據個人狀況，做出適切的調度，主管與部屬「搏感情」，一旦遇到危難時刻，才會有人挺身而出；就像戰爭片的劇情，軍隊攻上山頭時，士兵受傷，帶隊者冒著生命危險也要把受傷者帶走，這不僅是同袍之情，也意在讓全隊的人知道「下一個受傷或許是你，但我仍會照顧你」。

很多人都認同人與人之間關係微妙，職場上雖然強調公私分明，但公私終究很難一刀畫開，「對事不對人」只是說說而已，管理的關鍵最終仍回到「人」的身上，身為管理階層，了解部屬才能適切運用人才。

任何管理手段都會運用管理工具，透過科學化制度予以規範、評量，不過，任何科學化工具管理的對象終究是

「人」，每個人差異性大又極其複雜，如何以人文的思維運用管理工具，將是制度是否發揮效果的關鍵。

　　許多企業主重視績效、講求效率，強調投資報酬率等管理工具，事實上，空有管理學理論及管理工具無法妥善管理企業，人文學者所說的簡化美學，以「人」為中心出發的經營哲學才是重點。

CHAPTER 4

天時與地利

聰明的人懂得觀察、思考，

引領潮流甚至創造市場；

也懂得因地制宜，開發地點的優勢，

為自己創造獨特的贏面。

If a great change is to be made in human affairs, the minds of men will be fitted to it; the general opinions and feelings will draw that way. Every fear, every hope will forward it; and then they who persist in opposing this mighty current in human affairs, will appear rather to resist the decrees of Providence itself, than the mere designs of men.

——Matthew Arnold,

Essays in Criticism: Function of Criticism

面臨重大變化，一般人習慣配合，群體的意見也會漸漸形成潮流，每一個恐懼、期望的心情都是推動的力量。因此，抗拒潮流改變者，其實看起來是在反抗上天旨意，而非只是抵擋人類規畫而已。

——馬修‧阿諾德，《評論集》

英國十九世紀的文化評論者馬修‧阿諾德認為，社會上如果要有重大變化，關鍵是周遭環境先行改變，換句話說，如果要推動任何創新，必須先改變市場，改造人心，營造改變的氛圍。這種潮流的形成，似乎變成上天的旨意，而非只是少數人的規畫而已。因此，抗拒潮流的人，好像違反整個大自然的運作！

　　舉個簡單的例子，以往僅有女性有使用保養品的習慣，業者開發產品、廣告行銷重點都以女性為主，市場競爭激烈。

　　不過，近幾年業者開始注意到男性市場，為吸引男性使用保養品，業者祭出「型男牌」，邀請布萊德彼特、福山雅治、金城武等中外型男擔任廣告主角，營造型男習慣使用保養品的形象，不保養的男性代表邋遢、過時、抗拒潮流，成為「魯蛇」（loser）。這種透過營造話題的行銷手法，創造天時、地利的環境，形成潮流，也就開啟市場的契機。

　　由此可知，對企業界而言，「天時」加上「地利」堪稱是成功方程式，本書第四章將探討，天時、地利究竟是單純的機運，還是領導者可以主動發掘的優勢？如何創造潮流？如何創造「上天的旨意」？如何創造天時？

天時創造機會

　　天時、地利是創造市場的關鍵，我們先來談談天時。

　　天時往往變化莫測，是不是只有好的機運才有好的時機呢？十九世紀的小說家狄更斯（Charles Dickens）曾在《雙城記》（*A Tale of Two Cities*）中，對於所謂時機與天時的變化，曾有這一段精彩的論述：

　　　　It was the best of times, it was the worst of times,
　　　　it was the age of wisdom, it was the age of foolishness, it

was the epoch of belief, it was the epoch of incredulity, it was the season of light, it was the season of darkness, it was the spring of hope, it was the winter of despair, we had everything before us, we had nothing before us, we were all going direct to heaven, we were all going direct the other way.

> 這是最好的時刻、也是最壞的時刻、這是個智慧的時代、也是愚蠢的時代、這是個信仰的時代、也是懷疑的時代、這是個光明的季節、也是黑暗的季節、這是個希望的春天、也是絕望的冬天。我們擁有一切，也一無所有，我們正前往天堂、也走向另一條相反的路！

　　狄更斯這段文字談論的是法國大革命的前夕，面對革命前的混亂，很多人覺得悲觀無助，但是也有人充滿破壞後的新生與希望。誠然，任何時代或環境，都可能表現好的一面，也可能存在黑暗的可能。有時光明，有時黑暗；有春天的希望，也有絕望的冬天；端看如何運用，如何掌握。老一輩的企業家常說：「不景氣的時代，也有人賺錢；景氣的時候，也有不少人賠錢。」因此，天時是否掌握在人的手中呢？

什麼是天時？

天時談的是時機還是市場環境？時機是「集體的無意識」，也就是人類集體湧現的一種心態或內心的想法，主要是整個時代的趨勢，較為宏觀，變化較慢；市場則是群體的反應，變化較快。

身為領導者，究竟應該著重長遠的趨勢，或是市場的變化？

集體的無意識與社會、歷史發展有關，整個社會不知不覺形成共同的理念，品味也接近，久而久之成為一種趨勢，如果能掌握趨勢變化就是有遠見。從企業的角度觀察，市場就是趨勢的反映，有遠見者能掌握趨勢，沒有遠見者就被趨勢拉著走。

一旦趨勢形成，人心會隨之反應，2008 年美國總統大選是很好的例子，首次挑戰總統大選的歐巴馬以一句口號 We can change，掌握民心思變的趨勢，全美掀起一股歐巴馬風潮，更讓他成為美國第一位黑人總統，開創歐巴馬時代。

趨勢帶動市場

其實，**市場是可以培養的**，也就是前面所說的「潮流是可以創造的」。先前引發熱潮的「翡翠檸檬綠」就是典型的例子。坊間流傳，檸檬加上蜂蜜可有效對抗對身體的酸化，達

到抗氧化的效果，這個組合一旦蔚為風潮，任何廠商只要推出順口的蜂蜜檸檬飲料，再加上一句催眠的口號，如「黃金比例」，即可利用人類社會的集體無意識，形成趨勢，創造利基。

「韓流」竄起也是如此，韓國長期透過傾銷的方式，策略性對亞洲各國，甚至歐美國家，推銷他們的音樂、服飾、戲劇，韓國的審美觀或浪漫觀，成為大家心中的「集體無意識」。閱聽大眾聽久、看久，韓風自然蔚為流行。

以往很多人認為，市場是自然形成，反而忽略群體共同需求，很難利用天時的優勢。

在此分享一個自身的經驗：過去我一直大聲疾呼，許多國高中英文老師的文法教學方式錯誤，一開始沒有人重視我的意見，不過，我持續利用演講或受訪時拋出問題：「學了這麼久的英文，這輩子用過分詞構句、過去式假設法嗎？」久而久之，大眾開始有了迴響，慢慢了解以前學習文法走偏了，新的語言學習趨勢成形，進而創造新的市場與產品。

掌握天時：資訊蒐集和危機分析

掌握市場時機，堪稱是企業成功的關鍵。但是，如何掌握市場時機？從市場操作來看，可以從**總體環境**以及**個體環境**切入。

　　總體環境是指全面系統性的影響，包括政府政策、經濟環境、社會文化與科技發展等；個體環境則是對個別產業或企業的影響，包括產業技術突破，企業經營模式演變，管理團隊變動等。

　　個別企業雖然較難影響總體環境，但卻可能因為總體環境而出現變化，換句話說，總體環境往往能造就企業榮景，相對的也會摧毀企業。例如，速食業麥當勞近年營運走下坡，也反映其成為健康飲食風潮下的箭靶。

　　我們知道總體環境的重要性，但如何掌握總體環境的變化？可行的方式例如透過人口所得水準、民間消費指標、房價，甚至是紅酒指數等，了解趨勢走向，對於企業或個人投資理財都有很大的幫助。另外，對於各種科技產品抱持好奇的心態，都是讓個人與環境不脫節的方式。

　　除了資訊蒐集，管理者也要分析各種可行機會以及潛在威脅，了解有利或不利於組織的策略走向，才能將這股「不可抗力因素」轉為利多。

　　舉個例子，Amazon 於 2007 年推出電子書 kindle，翌年於美國市場熱賣，甚至於全球掀起電子書的浪潮，多元豐富的內容加上通訊功能的整合，取代笨重的實體書本，打開數位閱讀市場的無限商機，時至今日，kindle 仍為全球閱讀器市占率第一名。

Amazon 雖然在網路書店界占有一席之地，但沒有因此停滯不前，而是配合科技發展與讀者閱讀習慣的改變，搭上環保熱潮的列車，首度嘗試硬體設計，販售實體閱讀器，成功跳脫過往網路書店提供的服務。

小米手機的崛起，是另一個例子。中國消費者習慣物美價廉的產品，有些低價機如小米、華為功能多元，還能提供蟲害情報等創新、實用的服務，完全迎合消費者的需求。另外，深圳完整的手機聚落，讓小米機的供應鏈更為完整，種種利多讓小米機異軍突起，成功打進中國市場，也為手機產業留下歷史性紀錄。

煮蛙效應：迎合市場的彈性策略

策略大師錢德勒（Alfred D. Chandle）曾說：「**結構追隨策略，策略追隨環境。**」企業策略的擬訂，奠基於瞬息萬變的環境，掌舵者必須透徹了解總體與個體環境的現況、趨勢，才能擬訂組織策略。簡單來說，對於市場動態有一定敏感度，掌握天時，才能掌握成功契機。相反地，無法隨著市場變化調整策略，很容易被市場淹沒。

管理學有一套著名的理論「煮蛙效應」，這是美國康乃爾大學所做的一項研究，研究人員將一隻青蛙放入裝滿冷水的鍋子，接著以小火煮沸，鍋子裡的青蛙雖能清楚感受到外在環境的變化，卻因為惰性作祟，沒有馬上往外跳，最後活活

熱死。

　　這不只是理論而已，紅極一時的 Crocs 布希鞋就是煮蛙效應的典型案例。布希鞋以各種鮮豔顏色搭配特殊塑膠材質，號稱經久耐用、環保、舒適，一度深受台灣人喜愛，不過，風潮一過，布希鞋風采不再，Crocs 的股價從最高的 74 美元慘跌到 5 美元。

　　市場機制為何讓 Crocs 股價如雲霄飛車般大起大落？主要是布希鞋熱賣後，市場出現各式各樣仿冒品，加上金融海嘯，生產商錯估市場需求，布希鞋滯銷，過程猶如煮蛙效應，一旦企業無法充分預測市場動向、掌握市場資訊，青蛙與鱷魚也只是一線之隔。

思考未來市場趨勢之一：文字的消失？

　　我們不妨來玩玩腦力激盪，預想大環境未來可能出現的變化。我首先想到的是，影音市場可能成為下一個主要戰場，美國知名暢銷作家 James Patterson 的小說橫掃暢銷書排行榜，他寫作的最大特色是「簡潔」，一個章節 2 頁，完全部落格的寫法，撰寫網路小說成名的作家九把刀也是如此。他們共同特色就是動作快速，章節簡短，完全切中現代讀者沒有耐心的特質。

　　讀者沒有耐心，反映的第一個現象是文字世界的消失；一個章節 20 頁的文章往往乏人問津，現代社會越是強調閱讀的

重要性，越是突顯讀者逐漸減少。除了讀者耐心漸失，另一個潛在原因是，文字需要思考，糾結、悲傷的小說看完後，腦中百轉千迴都是痛苦，相較之下，影音在腦中停留的時間比文字短，產生的情緒也短暫。

影音市場可能是未來的市場需求，Youtube 的布局就成功一半。更多的網路與通訊軟體，如 Line，也開始進入影音的世界。於是我們下一步就該想想，如何提早布局、創造趨勢。

地利：市場需求、核心能力的契合

「地利」是指市場需求與核心能力能夠相互契合，以前在美國進修時，很喜歡當地一家連鎖速食店 in-n-out，愛不釋手的原因不是其行銷策略，而是一份廣受顧客喜愛的「祕密菜單」，菜單名稱新穎，如 animal style、protein style。特別的是，祕密菜單並非店家自行設計，而是完全依照顧客需求來設計，增加產品與顧客之間的關連性。

說到市場需求，「非洲賣鞋」的故事大家都耳熟能詳：兩名鞋商一同到非洲開創新事業，千里迢迢到了非洲，一下飛機赫然發現當地人幾乎都不穿鞋，其中一名鞋商心想：「太好了，這裡的人都沒有鞋子穿。」另一名鞋商卻擔憂：「完了，這裡的人都不穿鞋子。」試問，鞋商到底要不要投入這個市場？

許多企業的終極目標是建立全球品牌，但各個區域市場不

同,如何因地制宜是一門關鍵課題。

回到剛剛的問題,一般要進入全新市場前,通常會針對當地市場進行需求調查,鞋商有意進軍非洲,以當地十億多萬的人口數,畫出的大餅不可小覷,因此業者必須了解「非洲人為何不穿鞋」,如果是迫於價格問題,鞋商就要提供經濟實惠的鞋款,如果是因為氣候炎熱,即應研發製做透氣舒爽的涼鞋。

在上面的非洲賣鞋故事中,**因地制宜的概念其實包含心態的轉變**:甲認為這是個鞋子的末日世界,乙卻認為這是賣鞋的天堂。這是如何形成的呢?

十七世紀的英國詩人約翰‧彌爾頓(John Milton)在《失樂園》(*Paradise Lost*)中描寫撒旦被上帝打入地獄後,如何將自己的逆境轉成有利的環境,成為地獄的主導,值得我們深思。撒旦說:「既然我們無法回到天堂,無法再承受上天的光明,為何不好好地將此處改變,成為對抗上帝的地獄,再見吧,快樂之地!讓我們來歌頌這個地獄、這個地底深淵,好好迎接地獄的主人。**心才是真正的主宰,它本身可以讓地獄變天堂、天堂變地獄**(The mind is its own place, and in itself can make a Heav'n of Hell, a Hell of Heav'n.)。」

撒旦的最後一句話鏗鏘有力:「心才是真正的主宰,它本身可以讓地獄變天堂、天堂變地獄。」**轉換心態就可以轉換市場,轉換態度就可以將原本的劣勢轉換成優勢**。火鍋店在

　　夏天可能很難吸引顧客上門，但是想想：很多人在夏天的煩躁中，說不定希望進入一個很有冬天感覺的店裡，因此創造冬天氣氛，再加上一些去火、清涼的火鍋元素，可能就可以將火鍋的地獄（夏天）轉換成天堂（更多的顧客與利潤）。

　　簡單說，面對市場需求，轉變一切，創造差異化管理，才能在不同的情境中，不管是順境或逆境，異軍突起，金融業是最普遍的例子。一家國際企業進入當地市場，在地化的第一步通常都是併購相關本土企業，花旗銀行併購華僑銀行便是一例；花旗銀行每年招攬應屆畢業生，送往美國訓練，都是在地化的最佳典範。

　　地利的另一關鍵是「核心能力」，這個詞彙於 1990 年由管理學者 Hamel、Prahalad 提出。核心能力可能是有形的，也可能是無形的，例如知識、管理技能、客戶關係或其他獨特資源，讓各式技術、管理方法的核心能力充分發揮、結合，以即時回應顧客需求。

　　放眼業界，Nike 是最專注於核心能力發展的企業，它擅長快速掌握消費者的喜好變化，雖然是運動鞋龍頭廠商，但卻沒有設置製鞋工廠，而是把所有資源投注在擅長的設計、行銷，至於其他非核心業務的流程一律外包，將所有的心力投注品牌經營。

　　由此可知，掌握環境趨勢，是企業成長的第一步，懂得創造市場需求以及發展核心能力，才是管理者最需研究的重要

課題。人跟企業一樣,都必須要擁有自己的核心能力,並徹底發揮,才能發光發熱。

全球化時代,台灣優勢何在?

邁入全球化時代,未來可能出現的問題包括:全球資源分配、全球價值鏈及全球物流系統,布局全球。台灣如何發揮地利的功能?面對全球最大市場——中國,位處邊陲地帶的台灣該如何爭取能見度?

業界流傳一種說法,如果要在美國推行產品,行銷首站一定是西雅圖及亞特蘭大,因為這兩地中產階級比例、種族分布等人口結構最接近整個美國的結構;台灣也應如此思考,台灣族群多元,包括閩南、客家及中國各地來台的人口,加上與日本等東亞地區的連結密切,台灣的銷售經驗經過修正,很適合推行到中國,兩者不僅地理位置很近,文化上的接近也是利多。

回顧台灣歷史,荷蘭人、西班牙人將台灣視為貿易據點,足見台灣的地理位置確實是優勢,而在台灣的人民,不僅有海島民族,也有人因動亂由中國到台灣定居,久而久之形成的群體特性是反應快,加上大國思維,擅長隨著市場需求做生意。台灣的農作物,不像美國人一種小麥就是種一輩子,台灣主攻經濟作物,隨著景氣改變種植的作物,種花的品項也是,足見台灣人相當適合做生意。

　　台灣坐擁地利優勢，自然成為企業考量據點，不過，亞洲市場各個競爭者之間各擁優勢，電器強國日本在亞洲市場尋求外包委派據點，台灣、中國有 ECFA，韓國則與各大經濟體，如北美、歐盟，都有自由貿易協定。日本可以選擇的方向有二，一是經由台灣深入中國，二是經由韓國降低成本、增強競爭力。日本選擇韓國，考量的是兩地之間一個小時的往返便利，而日本到台灣卻需要三個半小時，這就是地利之便的影響。

　　以地理位置、全球經濟定位的角度而言，台灣確實適合扮演商轉（broker）的角色，一如歐洲的荷蘭，商業轉運過程也會產生附加價值，對全球客戶有利；身處地利之便，台灣的人才實應具備國際視野，配合英語能力、法令保障、靈活頭腦及精緻文化素養，假以時日，一定能享受到台灣的地利優勢。

　　「天時」、「地利」無疑是人人企求的優勢，天時加上地利，成功便近在眼前；聰明的人不盲從，懂得觀察、思考，洞燭先機、引領潮流，甚至創造市場；同樣的概念也能運用在地利，聰明的人不為地點所困，反而是試著挖掘地點的優勢，為自己創造獨特的贏面，觀察敏銳加上腦袋靈活，如此一來，天時、地利皆盡為你所用。

CHAPTER 5

「人和」，
是挑人才的首選

「人和」從挑選適合的人才開始；
但適合的人才不等於最好的人，
而是能力、人格特質、價值觀等
都能與企業核心相契合的人。

The achieved structure of a plant is an organic unity. In contradistinction to the combination of discrete elements in a machine, the parts of a plant, from the simplest unit, in its tight integration, interchange, and interdependence with its neighbors, through the larger and more complex structures, are related to each other

——Samuel Taylor Coleridge, *Lectures on Shakespeare*

　　每株植物都是一個有機的整體。相較於機器是無生命零件的總和，植物從最微小的單位到最龐大的整體，每個部位之間都能夠彼此互換、相輔相成，透過一個龐大且複雜的結構，彼此緊密相連。

——S. T. 柯立芝，《莎士比亞演講》

　　香港首富李嘉誠曾說：「不是老闆養活員工，而是員工養活了整家公司。」他認為，一個大企業就像一個大家庭，也有如一棵植物的有機體（organic unity），每名員工都是家庭的一分子，憑藉他們對家庭的貢獻，理應取其所得。秉持這樣的理念，李嘉誠善待員工，深信「唯親是用，必損事業」，不僅摒棄家族式管理方式，同時也善用年輕人才，讓年輕人的活力灌注長江實業。

　　另外，考量企業在不同時期必須有不同的管理需求，李

嘉誠讓企業內部存在「老、中、青」三代人才，結合不同領域、年代的優秀人才，擦出的火花成為企業前進的動力，也因此，李嘉誠領導的企業集團人員流動率始終低於 1%。

由此可知，「人和」是影響企業發展的關鍵，上一章我們已經了解天時、地利的關鍵性，第五章接著談談「人和」在企業發展所扮演的角色。

人和：挑選最適合的人才

「選擇人才」是人和的第一步。

首先釐清的概念是：**「人才不等於最好的人」**。台灣大學是國內的最高學府，也是許多父母、年輕學子的第一志願與台科大，不過，根據坊間媒體「企業最愛大學生」的調查，成功大學的畢業生最受企業青睞，而台大的金字招牌也未必是求職保證，許多台大優秀畢業生都曾有求職遭拒的經驗。

難道台大的畢業生不夠優秀？未必如此，原因很簡單，其實該職位與學識能力無關，不需要台大的畢業生。

「人才」是最適合的人，那如何挑選適合的人？

挑選人才首先是 job description，檢視他的條件是否適合該職位，這也呼應前面提到的「企業最愛大學生」調查，該調查結果顯示，成大在團隊合作、抗壓性的表現上勝於台大，而這兩項指標，也是企業最欣賞的價值。

第二步是 job evaluation，考量求職者、員工可能的工作

表現，關鍵是這份工作是否具有挑戰性，如果沒有挑戰性，即使他可以處理得很好，但如果工作沒有成長空間，他可能很快離職，這份工作依然不適合他。另外，也要考量個性問題，例如行政職位需要個性穩定的人才，業務就需要活潑外向的人才。

了解挑選的原則後，實務上要如何選到最適合企業的員工？這與企業核心能力、企業文化有密切關係。

全球最大的顧問公司——麥肯錫，旗下顧問團隊分析商業問題的邏輯能力，堪稱企業招牌，為了找到相同特質的最佳陣容，麥肯錫召募新血時是採個案面談的方式，面試者透過發問、假設等方式，了解考生是否能以系統性、科學性的方式解決問題，層層面試關卡後，篩選出最契合企業核心能力的人才。

簡單來說，**所謂人才，其核心能力必須要能呼應企業的核心能力**，因為核心能力是企業的命脈，為了在激烈競爭的市場中脫穎而出、永續經營，企業必須維持、延伸核心能力，舉凡專業知識、技術能力、科技發展或是 know-how*，都需要人力支援。

另外，企業文化也會扮演關鍵角色，全球最大網路鞋店 Zappos 最有名的企業文化，就是相當重視客戶關係的管理，Zappos 召募新進人員時，人力資源部會特別安排個別面談，確定求職者的特質是否符合公司的十大價值觀。

　　Zappos 認為，員工擁有相同價值觀，才能真正對企業付出，成為公司難以轉移的長期資產，因此，即使有優秀人才前來應徵，但如果與該公司的價值觀不符，他們寧可放棄人才，選擇聘用符合企業文化的員工。新進員工結訓後，對工作不滿的員工，Zappos 隨即提供一筆 2,000 美元的「立即離職獎金」，請對方馬上離開，以免將負面情緒帶進工作環境，藉此留下忠誠度較高的員工，也不會影響企業形象。

人和：惜才愛將，若即若離

　　企業召募到人才後，下一步是「愛護人才」。身為一名高階管理者，擁有「同理心」是必備元素之一。我們必須認清的現實是，員工選擇職場，固然有諸多考量，例如待遇、發

know-how

可以翻譯成訣竅，是指完成某件事情的實務知識，有別於 know-what（事實），know-why（科學探索），know-who（溝通），通常為某種具有特殊能力或訣竅的知識，很難透過文字或口語來轉換給他人的一種知識或技能。在強調智慧財產的企業競爭中，know-how 有時就成為企業或產業領先別人的重要利器。

展空間，但**員工對組織的效忠程度往往不會因此有較大的變化，而是與上層領導者有絕對的關係。**

一名好的領導者，雖然在決策上必須有強勢作為，但並不代表都要以強勢態度帶領員工；適時關心員工，提供學習成長與發展機會，協助規畫員工的職業生涯，才能讓員工認同企業，了解自己並非小螺絲釘，而是對公司發展有影響與貢獻的重要或關鍵人物。

「人和」能讓員工受到領導者的精神感召，古今中外都有領導者深諳此道。

三國時期，眾所皆知的劉備三顧茅廬，只為請出臥龍先生諸葛亮，就算前兩次受到冷落，但仍舊不放棄，最後用理念成功招攬諸葛亮，奠定蜀國立國的根本。有關「人和」的例子，我們尚可參考英業達集團已故創辦人溫世仁先生，他常說：「領袖要有三顆心：寬廣的心、包容的心、全心投入的心。」他也提倡「知識人」的特質，又擁有「科技腦、人文心」，科技腦是指要有邏輯思維模式，而人文心代表以人為本、以人為核心的概念。

另外，和碩董事長童子賢先生的領導風格，也值得我們參考。華碩董事長施崇棠先生就曾經用這樣的話評論童子賢：「他特別擅長體驗人心。」所以童子賢先生運用「對」的人才，與他們溝通理念，建立明確的標準，放手讓屬下完成公司的目標。

　　不過，這是一把兩面刃，領導者與親信之間的距離最好還是妥善拿捏。草創時期，領導者與親信聯手打拚，下班相約喝酒，放假一起遊玩，久而久之，有些人自認「沒有他就不會有老闆」，一旦公司持續擴張，恃寵而嬌的親信甚至會覺得自己理應有更好的待遇、職銜，等到領導者發現不對勁想要出手整頓時，很容易因此掀起風暴，引發動盪。

人才策略：提拔老二，壓制老大

　　那領導者該如何因應？答案是：「提拔老二，壓制老大」，「由豬八戒扮黑臉」。

　　那誰是豬八戒？效忠領導者的員工即為豬八戒，豬八戒的存在既可建立領導者信心，也能制衡企業內部的人才。值得注意的是，制衡的力道要適當，過度打壓，人才早晚會離開，分寸拿捏是門學問。

　　德國在第一次世界大戰戰敗後，希特勒掌權之前，經歷一段威瑪共和國時期，為了維持共和的秩序，出現很多「拉一個打一個」的例子，結果卻造成政治上的動盪，根本無法執行好的政策，明顯是失敗的例子。中國古代歷史也有類似的作法，皇帝年幼而由太后垂簾聽政，為了獲取外界更多的訊息，常製造兩派鬥爭，也藉此制衡各方勢力。

　　綜合上述，人和是影響企業發展的關鍵，也是觀察一個部門內部或部門之間關係的指標，有趣的是，不同時代乃至於

東西文化差異，都會影響人和的定義。另外，企業類型會影
響內部文化，有的公司未必崇尚人和，舉凡投資銀行業、科
技業、銷售導向*類等，都比較注重競爭關係。

　　仔細想想，過去談到人和，不外乎是員工聽話、不要冒
犯長官，開會前最好和同事達成共識，避免在會議中提出異
見、針鋒相對。其實，現今職場文化已經更為開放，西方要
素逐漸增加，也會改變人和的定義。

　　東方職場文化顧忌「撕破臉難做事」，既要競爭也要人
和，結果造成「上有政策，下有對策」，反而不容易交心。
歐美等西方職場比較直來直往，同事之間會直接表達不滿，
儘管工作時互相指責，私下仍會一起喝酒；美國許多公司都
是「競爭型」，所有部門一同競爭，就像是馬基維利（Nicolo
Michiavelli）的《君王論》（*The Prince*）power 和 balance，上
位者的領導哲學是權力上的競爭。

銷售導向（sales driven）

是指該組織或企業，以銷售產品為其主要的經營目標，以
最大銷售量為企業發展的重要指標。其經營策略大抵從價
格合理、優良產品做為最重要的關鍵點。近年來，企業也
漸漸以市場需求做為銷售導向的重要經營策略。

　　說到底，職場究竟是人和關係或是競爭關係，必須視公司文化而定，這也是領導者的價值選擇，就看是選擇 we are family，或 we are just competitors。

　　然而，**企業規模、企業文化與企業性質，也會決定公司是人和關係或是競爭關係**。舉例來說，如果是小型企業，管理者可第一線接觸員工，人和就很重要；但如果管理者高升，或企業規模擴展至無法第一線接觸到員工，內部管理必須因應改變。試著想想，一家店從兩家拓展到上百家，但管理仍沿襲草創時期老部屬帶領員工打拚的模式，最後容易因為擴張過度而倒閉。

　　道理很簡單，一家公司如果只有兩、三個人，不論是員工之間的溝通問題或是策略執行，流程不需太複雜，溝通也比較沒有障礙。然而，一旦展店至上百家，舉凡作業流程、風險管理*及內部控管，都必須建立一套標準。

　　以小籠包聞名的鼎泰豐為例。鼎泰豐於 1980 年由油行轉型賣小籠包，原本是永康街的小店面，如今已成為跨國連鎖餐廳，分店遍及香港、日本、新加坡、韓國、印尼、馬來西亞、中國、美國、泰國和澳洲等地。

　　為了維持產品品質，鼎泰豐的餃子、燒賣皆在中央廚房內統一製作和配送，一個產品從原料處理、擀皮、成型、完成，每個步驟所須花的時間都精細計算，每個流程嚴加控管，連小籠包皮要幾摺最完美，也是團隊反覆試做、試吃，

最後得出 18 摺的最佳成果，而這所謂的「黃金 18 摺」也成
為鼎泰豐的金字招牌。

　　至於失敗的案例，光男企業於 1978 年創立自有品牌「肯
尼士」，這個台灣自有運動品牌，製作的球拍成功拓展外銷
市場，1980 年達到全盛時期，銷售全球六十多個國家，囊括
全球四分之一的市場。由於成功外銷，公司隨即展開多角化
經營，跨足證券、電腦、建設等不同領域，甚至一度有意成
立商業銀行，擴張速度飛快，1987 年申請股票上市，不料，
1990 年受到課徵證券交易稅影響，股市大跌，公司爆發財務
危機，2000 年宣布倒閉。

　　肯尼士的大起大落成為企管界的實務教材，一般認為，肯

風險管理（risk management）

是指當企業面對外在挑戰，如市場開放、法規改變、產品
競爭、損害賠償等，增加經營風險，如何妥善處理的策略
與因應方式。良好的風險管理可以降低企業損失，強化經
營的決策機制，相對地提高企業的獲利可能。經歷不同的
金融風暴與劇烈的市場變化後，很多企業已經將風險管理
列為企業經營的重要管理運作，近年來，公部門也漸重視
風險管理，以降低執政的風險。

尼士擴張速度太快,又跨足不熟悉的產業,加上事業版圖擴及全球,事業體又多,管理人才培養不及,增加管理的困難。

維持員工的向心力:榮譽感

試想,十萬名員工的大型企業,該如何維持員工對領導者的向心力?

關鍵是榮譽感。

許多大型企業的服務品質、營運模式已成為企業文化的一部分,經典例子之一就是王品集團,王品董事長戴勝益堅信「先有滿意的員工,才會有滿意的顧客」,接連祭出優於業界的月休、分紅及薪資制度,激勵員工,貼心的服務品質也成為集團招牌,集團釋出徵才訊息都會成為話題;大型企業的招牌讓新進員工自然而然就有一分榮譽感。另外,企業內部對員工的要求早有一套標準作業流程,員工如果達不到標準,很難繼續工作,而能夠勝任的員工繼續厚植個人實力,吸取企業優良文化,企業的正面形象也提供附加價值,假以時日,在徵才市場必成搶手貨。

舉例來說,台灣電力公司、中華電信公司的員工進入公司後,多半會做到退休,員工也會深刻體認到自己是 family 的一分子。曾有一名台灣 IBM 主管到中華電信參與資訊設備採購,言談中他提到父親是中華電信公司老員工,接受很多栽培,因此他也是中華電信的孩子。

　　台積電張忠謀董事長曾說，台積電未來的接班人並非以能力為優先考量依據，而是期望接班人能維持公司現有企業文化、捍衛公司價值觀，以此做為衡量接班人的適任標準。

　　現今國際型企業日漸重視社會企業概念，知名的美國鞋廠 Toms 創辦人布雷克（Blake Mycoski）創造出 One for One（賣一雙、捐一雙）的銷售模式，讓一雙鞋，聯繫起貧富世界兩端。近幾年來，企業主日漸重視社會企業，社會企業概念能夠藉著持續發展的模式，提供社會所需要的服務或產品，為弱勢族群提供服務。

（聯經出版）

　　只要員工認同企業文化，對公司產生認同感，就容易留住人才，甚至影響周遭同事，當企業文化發展到某個階段，每年新人進入、融入其中，就會產生安全感；日後如果公司有難，員工除了擔心另謀他職可能產生的陌生與不習慣，也會考量對公司的情感，因而最後決定留下。

　　可惜的是，榮譽感在現今職場文化逐漸消失，雖然來自管理階層的重視會讓員工有榮譽感，但許多企業主不太重視尊嚴的價值，導致員工的榮譽感逐漸喪失。

　　以公家機關為例，公務員工作穩定，只要工作沒有嚴重錯誤就不會被開除，較難讓員工感受榮譽感及企業文化的重

要性，一旦發生危機，人心容易渙散；同樣情形發生在企業界，很有可能便樹倒猢猻散。

當天時、地利都不再艱難時，能否留住人才，就足以檢視該企業的人和與否，而這也是領導者必須面對的考驗。但是當企業發展到另一個階段，領導者舊有的文化思維不再維繫公司向心力，則該如何轉向？例如，王品集團戴勝益，經過一年半的品牌擴張，他的領導力漸受質疑，員工的榮譽感也逐漸喪失。喪失人和因素，可能是導致戴勝益下台的原因之一。

「人和」不只是人與人之間的關係，也是人與公司的人文關係。真正的人才，本身在能力、人格特質、工作理念、價值觀等各面向，都能與公司文化、核心能力相契合。

其中，管理者本身也會發揮關鍵功能，除了慎選合適的人才，還要發自內心對部屬展現同理心，幫助部屬適應公司文化，才能攏絡人心。越能培養出獨特的、良好的企業文化，越能夠準確吸引合適的人才。

CHAPTER 6

撒旦的賭注：
贏者全拿

如何從老二爬上老大，並維持自己不一樣的競爭優勢，

關鍵在於持續地學習，找出擅長的領域及潛在的客戶。

[1,2][20][a]

...... Here at least

We shall be free; th' Almighty hath not built

Here for his envy, will not drive us hence:

Here we may reign secure, and in my choice

To reign is worth ambition though in Hell:

Better to reign in Hell, than serve in Heav'n.

——John Milton, *Paradise Lost, Book 1*

至少在這裡，我們獲得自由。那個至高無上的神，並沒有建造這個地方。由於羨妒，因此祂並不支使我們。在這裡，我們可以無憂無慮統治，而且在我的選擇下，我認為就算在地獄裡，領導別人仍值得嚮往。我寧願在地獄當頭，也不願在天堂做奴。

——約翰‧彌爾頓，《失樂園》

「我寧願在地獄當頭，也不願在天堂做奴。」出自被上帝打入地獄的撒旦口中，充滿了領導者的霸氣！

　　文學作品中鮮少強調「贏者全拿」的稱霸思維，另一篇馬基維利的《君主論》是少數充滿霸氣的作品；彌爾頓於史詩《失樂園》中傳遞了「贏者全拿」的概念，於文學作品中實屬少見，內容提到上帝與撒旦經歷一番鬥爭，最後上帝勝利，也因此取得發話權，然而，惡魔並未消失，依舊掌控自

己的勢力。

為什麼文學作品鮮少強調贏者全拿？我們試著回到文學世界尋找答案，舉凡莎士比亞的名劇《李爾王》、《馬克白》，筆下描述的勝利者，多數終會失敗，由此可知，人文學概念中之所以不強調贏者全拿，主要是認為，霸氣十足的人終究會遭遇失敗或是遭受惡果。

然而，勝利的果實如此美好，人人都想當第一名，而激烈競爭的商場中是否真是「贏者全拿」，本章將探討位居 second best（次佳地位）的老二們，該如何緊追市場老大，闖出一條自己的路。

勝者為王，敗者為寇

成為贏家是多數人打拚、奮鬥的終極目標。

有一年暑假，兒子在家中收看音樂頻道每年必推的周杰倫特輯，這場景讓我想起某個演藝圈好友曾說過，台灣演藝圈中，擁有演藝執照者超過三萬人，但真正在演藝市場中嶄露頭角者只有鳳毛麟角，模特兒經紀公司旗下的模特兒一字排開，少說一、二百人，但民眾真正叫得出名字的僅有個位數。

筆者以前在美國攻讀博士學位時，習慣去看當地足球比賽（football），冠亞軍決戰當天，氣氛很緊張，比賽結束歡

聲雷動，全場呼喊的都是冠軍隊的隊名，落敗的亞軍備受冷落；其實，能夠晉級決賽已經很不簡單，但終究是「成王敗寇」。

現實如此殘酷，這就是卡內基所說的「第一名得到牡蠣，第二名只能拿到殼」（The first man gets the oyster, the second man gets the shell），美國知名足球教練說過：「沒有人記得第二名是誰，只有第二名自己。」在在說明王者的優勢。

搶下龍頭，大者恆大

回到商場，人人都想奪下龍頭寶座，理由很簡單，一旦取得領先，下一步就容易獨占市場，經濟學的「獨占理論」告訴我們，廠商如果能在市場中完全控制價格，或能夠控制某一生產要素的產能或銷售，便能獲取「超額利潤」*。

超額利潤
當其他條件不變下，獲得超過市場平均的正常利潤，即為超額利潤；通常是廠商具有領先技術或擁有某種市場的主導力時，可以提高售價或降低成本，進而獲取超額利潤。
一般來說，在完全競爭市場，超額利潤多為短期。

換句話說，企業想要成為產業龍頭，市場集中度一定要越高越好，國營企業像台電、台鐵、台糖，或是昔日國營時代的中油、中華電信，都是最極端的贏者通吃。國營企業沒有競爭者可言，也理所當然地恣意訂定價格，獲利自然可以超過市場平均正常利潤。

如此說來，國營企業一旦民營化，失去獨占市場，競爭者眾，是否是痛苦的開始？我們可以看看中華電信的轉變。

2000年，交通部發出第一張固網執照，宣告電信自由化時代到來，台灣大哥大、遠傳電信等業者紛紛進入電信產業，中華電信不得不在 2005 年轉為民營公司，重新制定策略以適應競爭市場。為了順應市場，民營化後的中華電信提供更豐富的服務，包括數位電視 MOD、雲端服務以及建立 icloud 創作平台等。

發現了嗎？民營化對企業不是痛苦的開始，反而是成長的契機。中華電信不但沒有被擊敗，反而因為轉型成功，不但保留了穩定的顧客群，還提升了市場的占有率，造成「大者恆大」的局面。

「大者恆大」的概念出自「馬太效應」一詞，馬太效應來自《聖經》〈馬太福音〉中的一則寓言，是指「好的越好，壞的越壞；多的越多，少的越少」的一種現象，運用在市場競爭中，意謂如果想在某一個領域保持優勢，必須在此領域做大，一旦成為領頭羊，獲得的資源及收益自然贏過其他同行。

　　進一步分析，**大者恆大的關鍵在於「從眾心態」*以及「移轉成本」***。像 7-11、微軟等企業，靠的就是顧客的從眾心態，當大眾使用同一個網路或軟體，規模就會變大，其他消費者便會以這個系統為優先首選。

　　另外，移轉成本也是消費者考量之一，當消費者已經習慣微軟提供的各項軟體服務，考量其他軟體必須學習後才能上手，購買其他替代軟體的意願也會減低；交錯效應加上配合其他經營策略，微軟過去在軟體服務上幾乎形成壟斷態勢。

從眾心態

個人受到團體行為的影響，使其在認知判斷或行為模式上出現符合團體多數人的行為。與管理學上的「羊群理論」相似，當一產業出現領頭羊（領導者）時，將會占據市場的主要注意力，進而使其他羊群不斷模仿領頭羊，造成跟風的現象。

轉移成本

消費者在購買一件商品取代原有的商品或品牌時，所需支付的成本。如果消費者面臨的移轉成本過高時，可能會放棄移轉，繼續鎖定原商品或原品牌。

Market success breeds further success，市場的成功促成日後更多的佳績，大者不但持有原有市場，還將觸角伸展到其他領域，這也是產業發展的本質；企業在自由經濟下的演化，透過資源整合、成本或策略等考量，不斷成長，加上管理能力日益精進，企業規模持續擴大，演變成大者恆大，甚至是贏者全拿的局面。

人不可能永遠第一

說了這麼多，我們要認清的是，贏者全拿並非 happy forever，現實狀況常常是，贏者占有市場後，除了成為箭靶，也容易因為沒有競爭，久而久之停滯不前，進而出現經營上的盲點。由此可知，一個全拿的市場不見得有好處，尤其是牽涉到政策的決定。

一個政策的成形其實會經過很多關卡，提案之初鮮少完美無缺，因此，企業內部各領域的專業人員根據理想目標、實務狀況不斷修正，終至上路實施，期間有很多修正的機會，但如果一路走來都沒人點出可能的破綻，領導者可能要思考，是否出現經營的盲點了。

人不可能都是第一名，須時時刻刻謹記在心的，應是如何保持市場競爭力，進而奮起。

研發能力，超前關鍵

贏者全拿是一種觀念。

現實狀況是，如果市場規模有限，second best 可能會面臨存亡掙扎，但如果市場規模夠大，second best 永遠有機會，做好準備，總有一天搶下第一名。

試著想像，當企業成長到一定規模時，就像「恐龍轉身」，由於體積龐大導致轉身困難，維持贏面自然不容易；而成功的果實如此美好，有些企業沉浸在過去的光榮，內部欠缺檢討機制，市場出現新的競爭者時，卻靈活度不夠，難以因應新的營運模式，更別提創造出新的競爭優勢，企業因而漸漸走下坡。

第二名的企業只能複製第一名的成功模式嗎？

答案當然是「不」。

對第二名的企業而言，團隊的研發能力絕對是超前關鍵；沿襲第一名的成功模式或許可以在市場生存，卻難以異軍突起。第二名的企業應該懂得，永遠要把眼光放在 2 年後的市場狀況，公司內部要有一個團隊，專門研究未來趨勢及潮流的走向，同時擬定因應策略。

換句話說，**老二的學習勢必更專業**，掌握終極目標，才能贏得過老大，不會永遠處在老二的地位。

這部分，日本人很值得學習，早在1980年代，日本企業

不論是善於開創或習於模仿者，通通都遠赴美國，求助頂尖研究所，只要看到新的技術研發，一律砸錢培養，儘管投資一百個計畫可能有八十個失敗，但只要有幾個成功，就可以搶得先機。

「老二挖老大牆腳」永遠是行銷學的經典議題之一。

美國西南航空是有名的例子之一，它打破航空服務業的舊有規則，改走廉價航空路線，班次密集且準時起飛，絕不誤點，機上也不提供任何餐點服務，顧客一只皮箱來了便走，極端的低成本策略，讓西南航空搖身一變成為美國航空業數一數二的企業。

這例子告訴我們，市占率不是一切，如果能走出自己的獨特風格，往往也是生存之道。另外，當市場主要玩家已定時，老二們也可重新定義遊戲規則，在競爭激烈的紅海中殺出屬於自己的藍海。

成立於1984年的太陽劇團，崛起過程正是藍海策略的經典範例之一。劇團起源於加拿大，有別於傳統馬戲團以動物表演為主軸，太陽劇團結合專業運動員的肢體動作與歌舞劇情，帶給觀眾全新的感官體驗，劇團足跡遍布全球五大洲，更成為加拿大重要的文化出口產品，成功顛覆許多人對馬戲團的刻板印象，也創造劇團的市場價值，顛覆贏者全拿的魔咒。

看看太陽劇團的故事就知道，身為龍頭企業並非從此高

枕無憂，永遠都有對手求新求變，企圖殺出一條康莊大道，
俗話說：「風水輪流轉」，大者恆大可能只是暫時的榮景，
只要是贏家，隨時面臨被取代的風險，太陽劇團這幾年面對
市場萎縮，觀眾流失，如何再度扭轉情勢與持續尋找新的市
場，成為最大的挑戰。這也是市場上的老大們持續創新的原
因之一，更是產業界與時俱進的重要因素。

認真說起來，我比較喜歡當老二，理由很簡單，一旦成為
贏者，時時刻刻提心吊膽，擔心競爭者迎頭趕上，但老二就
不一樣了。老二永遠有一個努力的目標，不僅要學習第一名
的優點，還要挖掘第一名沒有的優點，壯大自己的實力。

找出利基，創造市場

東方人文思想雖然崇尚謙卑，但這一套放在企業界未必
行得通。過去有些市場因政治力介入，獨占市場者往往就是
龍頭企業，但隨著市場逐漸開放，在自由市場機制下，市場
力量往往是推向「贏者全拿」，現今市場中，如果不能當老
大，就要當老二，老大還會想盡辦法消滅老二；如果是落後
當老三，恐怕更是陷入生存危機。

因此，謙遜雖然是成功的重要因素，但應該是應用於對
顧客的態度，「顧客永遠是對的」，正是企業需要的正確態
度。

其實，現實商場中不太可能發生「贏者全拿」的情形，市

場自由競爭下，比較可能形成兩強局面，例如碳酸飲料的老大是可口可樂，但百事可樂緊追在後；麥當勞雖為速食業龍頭，後方仍有摩斯、肯德基等速食業者虎視眈眈。

老二積極挑戰老大的例子比比皆是，如果是位居 second best 的位置，該如何迎頭趕上？

當務之急，是找到足以長期發展的利基市場。桂格食品在台灣發展之初，主推產品如：燕麥片、嬰兒麥粉、葵花油，經歷三十多年的發展，產品品項大為增加，但共通點都是以「養生」為主打特色，積極搶攻養生市場。

換個產業，身為 3C 業者，如果要開賣穿戴式裝置如手錶，主打消費群為何？整體策略是爭取 Apple Watch 剩下的市場，還是毅然決然另闢路線？

Second best 本身不僅要有核心競爭力，也要懂得運用藍海策略，找出擅長的領域及潛在的客戶，主打商品物美價廉，才能吸引消費者青睞。而市場瞬息萬變，second best 勢必要擁有強大的技術能力，應變速度快，才能以最快的速度找到新的商業模式，成功站上龍頭位置。另外，企業研發能力也是關鍵，研發的重點在發掘潛在市場，以白話文解釋，即是找出客戶尚未被滿足的地方。小米如何在蘋果及三星群雄中找到利基市場，即是最佳例子。

義大利名牌 Prada 以手袋、旅行箱、化妝箱等各式皮革用品聞名，1978 年，創辦人 Mario Prada 的孫女 Miuccia Prada 接

班後，研發以防水尼龍材料做成休閒風格的包包，並釘上倒三角形的 Prada 鐵牌，深受時尚人士喜愛，拉抬了日漸走下坡的家族事業，1992 年 Miuccia 更創立副線 Miu Miu，以絲質、棉紗等輕柔布料，簡約時尚的設計吸引年輕族群，為 Prada 的品牌風格開闢了一片新天空。

智慧型組織的時代

美國學者彼得・聖吉（Peter M. Senge）在《第五項修煉》（*The Fifth Discipline*）一書中提出學習型組織*的概念，時至今日，企業應該發展出智慧型組織*。

依據智慧型組織特色與發展潛能，企業應有幾項發展重點：

◆ 強大的資訊系統，對市場反應快，迅速找出問題。

學習型組織

彼得・聖吉在這本書中提到，企業成長必須建立學習型組織，也就是鼓勵並激進組織內的員工積極學習，以提升能力。不僅在組織內互相成長，更進而創造組織活力與知識。其所標榜的五項修煉為：自我超越、改善心智模式、建構共同願景、團隊學習以及系統思考。

◆ 建立回饋系統（feedback）：大數據（Big data）的概念於近幾年竄紅，最著名的例子莫過於美國連鎖零售業商場Target分析女性顧客的消費行為，研發出一套「懷孕預測模型」，做為行銷策略的參考。

◆ 組織不能僵化，要有彈性，讓好的人才能夠出頭，同時也要降低組織的平均年齡。

◆ 內部建立公平的獎懲制度。筆者擔任獨立董事的一家上市公司規定，公司每年所賺的獎金，不能全由高階主管拿走，協理以上的高階主管最多只能拿到總獎金的40％，其中個人所得不能超過 10％；其餘 60％ 則分給

智慧型組織

是指組織能夠持續學習，並配合企業生態環境，調整自身組織結構，以配合環境變遷，及時做出對策，有如之前所提的有機體（organic unity）。這種智慧型組織的自我調適能力，有助制定有效率的競爭策略和管理方式，並且持續更新與進化。智慧型組織，其結構形態多樣化，也能夠根據不同部門特點，採取不同組織形式，提高環境適應力。一般來說，智慧型組織期望具備創造、改變、學習及永續成長的能力。

員工，利益共享。

◆ 企業文化要像快速打擊部隊。產業變化很快，半年至一年就會有一次小循環，因此，公司的中高階主管能力要強，例如 2,000 人的公司，經營團隊如果有 30 至 50 人能力很強，對市場反應快速，就可在變動的大時代快速反應，Google、Facebook 都有此特性。

贏者全拿的關鍵：持續學習

撒旦來到了地獄，並不自暴自棄，也不怨天尤人，而是開始思考自己所處的角色，以及自己能發揮的空間，即使下放地獄，也能與上帝抗衡，占據一片屬於自己的領域。

任何組織或企業，在環境變遷中，可能會成為龍頭，也可能落於下風，如何從老二爬上老大，並維持自己不一樣的競爭優勢，其關鍵點在於持續地學習。在逆境中學習，在不利環境中思考創造不同市場，有如撒旦在地獄中，區隔與上帝的市場，成為「邪惡」市場的老大！

CHAPTER 7

環境與心境

對於環境變遷，企業應採取

「不變」與「變」的兩面手法，才能立於不敗之地。

The world is too much with us; late and soon,

Getting and spending, we lay waste our powers;

Little we see in Nature that is ours;

We have given our hearts away, a sordid boon!

This Sea that bares her bosom to the moon,

The winds that will be howling at all hours,

And are up-gathered now like sleeping flowers,

For this, for everything, we are out of tune;

It moves us not. Great God! I'd rather be

A Pagan suckled in a creed outworn;

So might I, standing on this pleasant lea,

Have glimpses that would make me less forlorn;

Have sight of Proteus rising from the sea;

Or hear old Triton blow his wreathed horn.

——William Wordsworth,

"The World Is Too Much With Us"

世俗糾葛我們太久，每天，我們得到某些東西，然而又失去。我們浪費力氣，再也看不見自然中屬於我們的美好事物。我們拋棄內心情感，污染上天恩寵！

月亮照亮下的大海，不斷吹嘯的狂風都萎靡，有如沉睡花朵。對於這些，對於大自然所有一切，我們都沒有共

鳴，無法感動。偉大的上帝啊！我寧願成為一名異教徒，

堅守之前理念，或許這樣，我就能夠站在這片令人喜愛草

地上，四處瞭望，不再孤寂，看著海神從海中升起，聽著

海神使者吹響號角。

——威廉‧華茲華斯，

〈這世俗糾葛我們太久〉

　　英國浪漫主義詩人華茲華斯曾經說，世俗凡務的糾葛，容
易消耗人的心力，終至無感、萎靡；人如果被環境所困，很
容易看不清前方的路。

　　還記得小時候家裡環境不佳，為了擺脫貧困，開始學習
觀察周遭環境，也領悟到教育是脫離當時環境最好的方法，
於是開始分析自己需要哪些能力，例如文字溝通的能力很重
要，因而培養大量閱讀的習慣，其餘如電腦、管理能力逐步
培養後，終能擺脫環境對我的牽制。

　　許多人身陷困境常是唉聲嘆氣，充滿無奈，負面能量強
大，足見環境變化的影響。本章要探討周遭環境變化的影響
程度，以及如何透過觀察環境，開創新局，成功創造屬於自
身的品牌。

高爾夫哲學：觀測市場的風向

　　我們先來談談高爾夫球。覺得奇怪嗎？高爾夫球與企業管

理有何關係？

　　高爾夫球在台灣被視為富人運動，也是職場上的交際媒介，事實上，這項運動的內涵早已超越階級爭議的層次，功能也不是只有交際應酬。

　　怎麼說呢？二十五年前開始接觸高爾夫球，起初只當成休閒運動，也沒有積極學習，近五年才開始尋求精進，不僅找了私人教練，由基礎動作重新練起，還和家人PK，互相比較進步幅度；認真投入後，漸漸察覺，高爾夫球對在工作或生活上的思考都相當有幫助。

　　打過高爾夫球的人都知道，高爾夫球講究的不僅僅是個人知識、技巧與經驗，每次打球還要考量球場環境的不同，包括地形、地質、坡度、草生長方向、風向及風力強弱、天氣等，都是影響當天表現的重要因素。各種變數交互作用，讓高爾夫球這項運動格外有意思，而球員如何發揮個人最佳實力，觀察力是關鍵。

　　以高爾夫球比喻，高爾夫球球員與這項運動之間，就像企業和環境的關係，市場的變化如同球場上無法預期的風向，在在影響企業的決策方向。

　　觀察市場的風向，就是高爾夫球給的第一堂課。

　　行動通信界有個很經典的案例：摩托羅拉在 90 年代中期堪稱是全球行動電話公司的龍頭，擁有行動電話市場超過一半的市占率，營收幾乎年年成長，企業也不斷追求產品創

新、管理流程改善等強化競爭力的作為。

市場動態瞬息萬變，某次新產品上市時，摩托羅拉雖已掌握最新趨勢，主打輕薄短小的消費型電子產品，但卻忽略當時的無線傳輸已經開始採用數位技術，而非該產品使用的類比技術。

很明顯的，摩托羅拉錯估了市場情勢，而在手機市場開發上僅侷限於企業用戶等高階市場，忽視基本消費者市場，也低估數位匯流的發展；無視市場風向就擅自出手，結果就是市占率開始走下坡，2009 年全球手機市占率中，摩托羅拉僅剩 6.2%，之後也走上被收購的命運。

知己知彼，百戰百勝

別忽略競爭對手，是高爾夫球教我的第二堂課。

打高爾夫球時，每一次揮桿，除了考量環境變化之外，還必須考量「競爭對手」這項因素，如果我們領先競爭對手，但領先差距不大，我們會選擇較為保守的策略；相反地，如果領先幅度不小，我們會選擇較為積極的策略，以追求自我突破，同時也抓住拉開差距的契機。

這裡要談到另一個行動通信品牌的例子。摩托羅拉市占率下滑之後，Nokia 成功站上龍頭寶座。擁有優秀的研發團隊是其傲視業界的核心競爭能力，儘管如此，Nokia 最終仍步上其敗將的後塵，市占率逐年下滑，也被微軟收購。

　　歸究原因，一方面是因為 Nokia 並未善用優勢，積極研發新產品以吸引消費者；另一方面，當時手機市場發展已逐漸成熟，Nokia 卻未能搶占高階市場，反而僅在中階市場和低階市場內徘徊，等到智慧型手機風潮湧現，Nokia 所擁有的中、低階手機市場及高階市場同時受到夾擊，腹背受敵。

　　這告訴我們，Nokia 未能掌握自我優勢，尋求自我突破，更重要的是，Nokia 並未將競爭對手的發展納入考量，等到市場環境迅速變化，競爭對手紛紛崛起，力求改變，卻已失去競爭優勢及發展契機。

　　來談談成功的案例。二十年前台灣為了對抗通貨膨脹，市場處於高利率的環境，兆豐票券（前身為中興票券）的管理階層觀察到，市場可能會走向低利率，因此提早採取相關策略，買進長期政府債券。

　　了解票券公司運作的人都知道，票券公司大多買長期政府債券或公司債，透過抵押長期票券，以「債券附買回交易」（repurchase agreement）融通短期資金，藉此賺取利差。兆豐的管理階層確實預測到市場趨勢，也掌握到可能出現的變化，藉此賺取高額利潤，成功拉開他們與競爭者的差距，更加穩固龍頭地位。

運動家精神：強韌心智

　　前面有成功的案例，也有失敗的例子，恰恰反映商場真實

狀況，然而，錯估情勢，難道只能淚吞苦果，徒呼負負？

　　高爾夫球給我的第三堂課是「**強韌的心**」。雖然仍在尋求球技的突破，但比起技術層面，我更珍惜一路磨練出來的抗壓性；閒暇之餘邀約親朋好友磨練球技，到戶外接受大自然洗禮，抽離現實環境，不只可放鬆身心，更能靜下心思考市場環境的變化。

　　即使是高爾夫球界的頂尖高手，也不可能每次賽事都以最佳狀態出賽，每次球賽成敗難測，難以捉摸，不論環境或競爭對手，都可能是影響成敗的變數。仔細觀察勝利者的共通點，我們發現，這些勝利者即使遭遇失敗卻鮮少出現情緒化反應。如此強韌的心理素質才能迅速整理心情，釐清思緒，因時制宜地調整比賽策略。

　　舉凡老虎伍茲（Tiger Woods）、米克爾森（Phil Mickelson）及台灣女將曾雅妮等人，比賽過程中均展現出超高的抗壓性；擁有強韌心智，何其重要。

　　企業領導者也需要強韌的心智。

　　以康師傅系列產品打開中國市場的頂新集團，過去在台灣僅是一家製油廠，90年代進入中國市場並發現速食麵市場的商機，經過市場研究及行銷策略的有效執行，產品深受消費者青睞，經營版圖也從速食麵擴展到飲料、糕餅、速食等領域。

　　對經營者而言，經營版圖持續擴張，後續就能降低成

本，提高市占率及獲利率，然而，康師傅當時的市場通路尚
未架構完全，加上過度多角化經營，使得集團短期內產生巨
額的虧損。

儘管如此，錯估情勢後，頂新集團並未兵敗如山倒。

頂新集團先穩下腳步，迅速調整經營策略，包括併購味全
食品公司，以強化產品研發製造技術；深耕市場通路，以直
營轉為特許經營權的模式，強化通路據點；並整合集團內資
源，持續推動產品開發，結果成功塑造品牌形象與知名度，
不論在中國或台灣的飲料市場，均有相當高的市占率。但藉
著這次食安問題，頂新也面對前所未有的危機。這次對手不
是別人，而是自己。如何處理公司品牌危機，正考驗領導階
層的心智。

創造環境，訂定規則

逆勢而為，不是成功就是失敗，失敗的例子可能較多。

過去有個競爭對手曾經這麼說：世界上有四種人：一是
有野心、有能力的；二是沒有能力也沒野心的；三是有能力
但沒有野心的；四是有野心、沒能力的人。哪一種人會成功
呢？通常沒有野心的人大概很少能夠成功，因為他們根本不
想爭取成功，但是一些有野心但無能力的，往往成為單位組
織的災難。可能成功的，大概就是有野心也有能力的人。

　　有野心、有能力的人，大抵都是懂得觀察環境，判斷情勢。

　　身為一名好的領導者，觀察環境後不僅能抓到不變的法則，也能掌握變的法則。經營管理方面，不變的法則較易應變，變的法則可能就要仰賴領導者的直覺與洞察力，包括專業分析、過往經驗，都能派上用場。

　　什麼是不變的法則呢？以過去曾經在政大公企中心經營教育訓練的例子來看，企業教育訓練的基本原則，在於如何強化員工的實戰能力（engaging power），能夠提供即時且有效的能力訓練課程，則是企業訓練的不變原則。

　　然而，企業需求不同，員工所需能力也隨著時代改變，過去英語能力很重要，因此英語訓練課程大受歡迎，企業也經常加強訓練員工外語能力。然而，當國際化腳步加快，企業在聘任人才之時，已經篩選外語能力較強的員工，對於外語訓練而言，已經不是企業的主要考量，反而專案管理、談判溝通的訓練變得非常重要，這種不斷改變的需求，就是教育訓練機構必須面對的挑戰。

　　掌握不變的原則，密切觀察環境變遷，配合市場需求，才能掌握「變」的法則。

創造環境？還是配合環境？

　　大部分企業，觀察環境、配合環境，進而掌握環境，然而，蘋果創辦人賈伯斯是常被討論「掌握環境」的例子。最普遍的問題是，蘋果的成功，究竟是因為賈伯斯創造消費需求環境，還是滿足消費者的需求？我認為兩者都是。

　　問題又來了，賈伯斯向來被視為天才，領導者如果沒有天才資質，該如何找到自己的利基？

　　第一步還是觀察環境。

　　這裡先講個小故事，Lexus 是日本豐田汽車旗下的高級轎車品牌，1983 年，當時的豐田汽車主席豐田英二詢問董事會成員，日本是否有能力打造一輛傲視車壇的豪華轎車，這項計畫也被稱為「F1計畫」；為了力拚雙 B 系列的豪華車款，豐田的研究人員長駐美國比佛利山，針對使用豪華用品的顧客進行市場調查，觀察美國上流社會的生活方式，了解有錢人究竟如何使用雙 B，最後成功創造出衝擊豪華車市場的 Lexus 品牌。

　　觀察環境，接下來就要**創造環境，一旦環境發展的規模夠大，自然有權制定遊戲規則**。

　　二十世紀初期英國劇作家蕭伯納在其劇本《華倫太太的職業》（*Mrs. Warren's Profession*）曾這樣寫過：

The people who get on in this world are the people who get up and look for the circumstances they want, and, if they can't find them, make them.

能在社會上出頭的人，都是那些有準備且能尋找他們想要的環境，如果找不到，他們就會創造環境。

《華倫太太的職業》這部劇本，描寫華倫太太與女兒 Vivie 間的關係。受限於女性當時的工作環境，華倫太太在歐洲經營妓院，供女兒念完大學。儘管 Vivie 一開始理解媽媽的苦心與無奈，但當媽媽在衣食無缺後仍不願放棄妓院行業，Vivie 揭穿媽媽虛偽與愛慕虛榮的假象。

從此之後，她不願再依靠媽媽或男友，她認為每人都有某種選擇（"Everybody has some choice."）。窮女孩或許無法進入上流社會或受高等教育，但是她可以選擇撿拾破爛或賣花（"… she can choose between ragpicking and flower-selling, according to her taste."）。很多人都責怪環境，但是她不以為然：她不相信環境（"I don't believe in circumstances."）。她認為社會上能出人頭地的人，都是那些能尋找適合自己環境的，如果找不到，他們就會去創造環境（"make them"）。怨天尤人或歸罪環境，都不是有出息的人。

現在回想起來，筆者接任政大英文系系主任時，英文系大概是全校各系中最弱的，系上瀰漫著失敗主義的氣氛，師生都認為，學校不重視文學院，也不重視英文系；接任系主任一年後，系上風氣明顯轉變。

關鍵在於積極尋求改變，跳脫原有的想法與框架，首要之務是勇於嘗試，只要別的系上可以做，英文系也辦得到，甚至要做得更好，包括開辦兩本英文期刊，其中一本迄今仍在發行中。

筆者接任外語學院院長時，很多人仍不看好台灣的人文學系發展，於是決心改變外語學院不受重視的既定印象。採取的策略是主動出擊，主動與商學院等各學院交流，協助解決問題，也積極參與學校行政單位的相關事務，同時爭取跟台灣有邦交的國家交往，安排時間參加駐外使節的各種聚會，爭取認同，拓展外語學院的交流面向。一段時間後，不論校內校外，外語學院均展現全新面貌。

招牌變品牌，品牌變名牌

其實，這跟企業經營的道理很相似，政大英文系是個招牌，產品是學生，經營重點是如何創造潛在市場，讓學生成為好產品。如何讓招牌成為品牌，又如何將品牌變成名牌，成就領導者與組織的最大挑戰。

為了打造這個品牌，不僅需要內部支持，也要爭取外部

資源。考量台灣討論英國文學沒有市場，英語教學、測驗才能引起共鳴，策略上將發展重心轉向語言測驗與教學，英國文學的論述放在其次；倒不是不重視英國文學，而是轉一個彎，藉由發展英語教學的資源，支援英國文學的研究，既能增加英文系的能見度，又能兼顧原有的英國文學領域。

資源研發也是同樣的道理，最重要的是，企業一定要有本事找到自己的利基產品，中階產品過渡到高階產品的過程中，通常都是以一般產品養高階的產品。也就是透過品牌的塑造，帶動相關產品的附加價值。

環境經常是影響企業經營的很大變數，不管是消費者需求改變、金融環境變遷或競爭對手的崛起，都存在很多不穩定衝擊。一個期望永續經營的企業，大概要**對於環境變遷採取不變與變的兩面手法**；不變的是領導者的決心與企業獲利的基本法則，而變的則是各種環境面的變遷因素及創新的手法。

回到高爾夫球場來，不變的是自己握桿技巧的鍛鍊及堅強的體力，而變的則是球場風向、球道狀況、競爭對手。考量環境，調整心態，自然立於不敗之地。

站立在上風之處，對著自己吶喊：「偉大的上帝啊！我寧願成為一名堅忍者，堅守之前理念，或許這樣，我就能夠站在這片令人喜愛草地上，四處瞭望，不再孤寂，看著海神從海中升起，聽著海神使者吹響號角。」

CHAPTER 8

再起風雲：
面對逆境

面對挫折時的心態，往往讓個人或企業的能力高下立見；

處於逆境或劣勢，正是練兵的絕佳時機。

...... For years

They wandered as their destiny drove them on

From one sea to the next: so hard and huge

A task it was to found the Roman people.

——Virgil, *Aeneas*

……年復一年，他們四處流浪。命運似乎在後方追趕，他們從這片海洋流浪到另一片海洋。這麼艱困和巨大任務，建立羅馬民族！

——維吉爾，《伊尼亞斯》

　　古羅馬詩人維吉爾的作品《伊尼亞斯》描寫特洛伊戰爭後，希臘英雄伊尼亞斯帶著家人，逃離特洛伊（Troy）到海外流浪的故事。在海上飄泊七年後，伊尼亞斯來到非洲迦太基，並與迦太基的皇后戴朵（Dido）相戀，但神的旨意讓伊尼亞斯背負著東山再起、延續國祚的責任，面對愛情與責任，他要如何選擇？

　　最後，伊尼亞斯克制了自己的感情，堅守責任，他選擇離棄戴朵，渡海來到義大利，建立了羅馬，預見未來羅馬帝國的光榮。

　　從逆境中，除去一切阻礙與個人挫折，羅馬英雄伊尼亞斯可以成為近代企業家的典範。

　　一般人往往只看到個人或企業成功的一面，卻忽略對方也可能曾經深陷低潮，於逆境中求生存。本章，我們來談談「逆境」，不論個人或企業，該如何面對逆境才得以浴火重生。

衰退期的考驗

　　一般來說，一個完整的企業生命週期可分為「種子期」*、「創建期」*、「成長期」*、「穩定期」*及「衰退期」*等五個階段，不同企業的生命週期有長有短，如何因應市場環境變化、延長企業自身的生命，是管理階層在面對市場競爭中所應思考的問題。

種子期

生命週期最初的階段，此時期創業者可能只有好的點子或創意，尚未建立周延的商業計畫，不確定性高，因此需要種子資金的投入，進行較深入的市場調研。

創建期

商品已開發完成，但尚未大量生產，需大量投入相關設備、人員及行銷成本，通常此階段仍未獲利，風險性仍高，許多新創企業在此階段失敗。

　　現實狀況是，當一個企業進入衰退期時，經營、財務風險隨之提升，現金流量逐漸減少，成本攀升，營運資金壓力越來越大，企業經營環境惡化，隨之而來的是在市場競爭中失利、市占率和銷售通路被瓜分，企業運作大幅停滯，營收及獲利迅速衰退，最後甚至退出市場，被迫重整或倒閉。

成長期

經過創建期的摸索，管理者已確立公司的方向，成長期的公司有明確的目標，企業發展快速，未來態勢良好，大量招聘新員工，公司規模急遽擴張。

穩定期

此時期公司的規模及發展方向大致底定，組織進入穩定階段，風險相對較小，企業已累積多年的經驗，並經過前期的高速成長，在穩定期的企業將達到前所未有的規模。

衰退期

公司開始出現規模縮減、業績衰退等情形，企業內部可能人心惶惶，此時期企業需有變革或是組織轉型的出現，以利企業東山再起。

　　衰退期的考驗如此殘酷，身為領導者，當下反應多半是心急如焚，積極尋求對策，但卻常招來反效果。

　　綜合分析管理階層常有的錯誤決策，影響最大的是無所節制的擴張，在缺乏目標及對本業沒有實質幫助的情況下，不論是多角化、併購、持續創新與變革等策略，皆是消耗企業資源、破壞組織紀律的禍根。另外，人才訓練、培育及管理階層任用部分，也會因為企業規模迅速變化而無所適從。

　　同時，缺乏觀察力及判斷力的管理階層，容易被過去的成功模式迷惑，疏於注意市場的變化，無法察覺企業營運正陷入困境，商業模式失去競爭力，一旦忽略負面警訊，企業就會提早邁入衰退期。以上描述情境，證諸國內外手機業者面對的困境似乎頗為熟悉。

　　企業邁入衰退期後，管理階層為了追求再次成長，很可能大膽採用轉型計畫，甚至是激進的變革改造策略。急救措施或許有一時的強烈效果，但也可能導致無法補救的後果。

面對衰退的第一步：接受衰退

　　說了這麼多，面對衰退期，企業難道只能束手無策嗎？

　　英國浪漫主義詩人雪萊（Percy Bysshe Shelley）的詩作〈西風頌〉（Ode to the West Wind）提供不一樣的思考，詩中提到：Wild Spirit, which are moving everywhere; / Destroyer and preserver，這句話是描述西風既是破壞者也是保存者，因為西

風雖然吹落種子、樹葉，但隨風吹來更多的雪，讓種子深埋在地底，直至春暖花開。

西風雖然吹落樹葉，事實上卻是保存更多東西；運用在企業經營的概念上，衰退期正好適合「冬藏」。

農業社會有「春耕、夏耘、秋收、冬藏」，順應四季變化，規律運作。冬藏是要減少消耗外在能量，就像動物冬眠一樣；儘管環境不利於己，此時反而要靜心思考，耐著性子，不要急著突破，養精蓄銳，他日才能高高崛起。

試著把衰退期視為一種負面警訊或是沉潛期。一般來說，景氣出現逆勢，多半是市場需求起了變化，企業原本獲利的商業模式無法持續因應市場需求，因而開始衰退，而衰退期的出現，正是提醒企業應該適時調整，才有機會在市場環境變化下生存。

講一段美國福特汽車的故事。

金融海嘯後，為了在逆勢中崛起，福特汽車紛紛祭出不同的策略，首先在降低成本、風險部分，集團出售嚴重虧損的事業體，集中資源開發自有產品及福特品牌，調整薪資制度以有效降低生產成本。另外，在產品策略部分，以國際統一車款取代針對個別市場所做的差異化產品，簡化生產流程與提升產品開發效率。

策略奏效了嗎？數據會說話，福特汽車在 2008 年虧損達 146 億美元，推動專一化經營策略後，2010 年淨收入高達 66

億美元，創下自 1999 年以來的新高紀錄。

由此可知，企業在市場環境改變時，應重新審視價值定位及顧客需求，思考環境變化，並修正營運策略。

認清衰退的本質，借力使力

正視衰退後，下一步能做什麼？

首先要做的是加強成本及風險的控管，無論是營運資金的支出和花費、財務利息等影響費用高低的因素，都要重新評估，並控制專案計畫的投資與執行，降低營運風險和財務風險。

其次必須考量市場環境變遷對現有產品、服務的衝擊，既然企業已經身處逆境，便要重擬適合企業營收業績的標準，如此才能在了解市場資訊的情況下，提出最佳的應對方案。

最後要在人才培育、訓練方面，付出更多心血，藉由培育優秀人才、等待企業復甦之際，提前因應架構競爭優勢，日後有機會帶領企業走出逆勢。

信仰未來，以逆境試金石

一開頭講到伊尼亞斯的故事，其實，伊尼亞斯可以選擇安逸，不再奮起，但是為了自己的使命感，他選擇忍辱負重，在逆境後光榮再起，建立羅馬帝國。

伊尼亞斯有如企業界的艾科卡＊，他們不為自己，而是為公平而戰，有時在逆境中的選擇是為了未來；犧牲現在，或壓抑原本的個性、隱藏自身的喜好，就只是為了目標。

逆勢能否再起，關鍵是心態。

國揚建設董事長侯西峰曾經十分風光，高雄的漢來百貨是他全盛時期的代表作，國揚的股價加上他個人財產，身價近千億，不過，由於過度轉投資加上事業虧損，最後關頭一夕崩盤，使他負債上百億元。

跌落谷底的侯西峰沒有逃避，翌日就選擇面對，他一一與債權人說明如何還款，憑著他的說服力與積極的正面作為，終能絕處逢生，東山再起，其間的過程充分展現逆境重生所需要的特質：熱情、堅持、踏實。

艾科卡（Lido Anthony Lee Iacocca, 1924- ）
先後擔任美國福特汽車公司及克萊斯勒汽車公司總裁。擔任克萊斯勒汽車公司期間，成功從虧損中站起，轉虧為盈，成為此典範的代表。他大力裁減主管人數，招募人才，並針對二次大戰後的嬰兒潮，研發休旅車市場，終於解救即將倒閉的克萊斯勒汽車公司，成為產業英雄，也是當時企業反敗為勝的代表。

　　他的故事再次告訴大家，遭遇逆境不是世界末日，反而可能是轉機。

　　坦白說，一個人個性成形後，很難有所改變，只有在逆境時才可能檢討自己，改變個性或作法。

　　許多企業失敗多半不是因為本業失敗，而是擴張太快或轉投資失利；有些領導者在事業成功後，忘記原本的經營之道，追求擴張版圖的虛榮感，往往等到遭遇逆境時，才會想回到最熟悉的本業，重拾初衷。

　　挫折讓人知道自己的「有限性」，也回頭檢討自己的「發展性」。

　　台灣缺少挫折教育，曾有人詢問英國倫敦政經學院的學生，為什麼選擇就讀政經學院？

　　猜猜看，答案是什麼？不是倫敦政經學院悠久的學術歷史，也不是因為學校在政經界享譽盛名，多數人的答案只是「他們考不上劍橋大學」。我也曾問過政大學生選填政大的原因，不意外地，不少學生說是因為「考不上台大」，還有學生說，考不上台大痛苦了一年。

　　政大學生非常優秀，其實跟台大學生不相上下，只不過在大學入學考試時，由於某些因素，遭受人生的重大挫敗。這種挫敗對某些人來說可能令其喪志，但這種挫折，在人生的早期發生，反而是好事。政大學生在經過這一段挫折後，可能開始反省自己考場失敗的原因，希望不會再犯錯。也由於

自覺在某些方面，如臨場反應、綜合整理或考場適應等，可以好好磨練自己，於是更多人收起之前驕傲的心態，開始體會與人合作的可能性。據個人觀察，很多企業，認為政大學生較為懂得團隊合作，也能積極面對問題，這何嘗不是因為年輕時受挫所獲得的經驗與智慧？

逆勢困境容易拖垮意志，企業營收差、績效不彰或個人財務出狀況，落在逆勢就垮了；唯有正面思考才是逆轉關鍵，做好心理建設，支持力量自然會出現。想要逆勢再起，心態、價值觀都要改變，接受失敗後，就看如何爬起來。

正面思考其實就是一瞬間。記得，以前有個美國老師，談到 a little 與 little 間的區別，通常 a little 表示有一些，較為肯定，而 little 則是否定概念，表示幾乎沒有。他問說，如果我們身上只剩下一個 quarter（美國的銅板 25 分），你會說：I have a little money，或是 I have little money？悲觀的人當然會認為自己只剩下一個銅板，非常窮困（I have little money），而正面思考的人則會認為自己還有一個銅板，可以打電話向親友求助，因此會說：I have a little money。因此無關乎你身上有多少財富或能力，而是你如何看待自己的能力與財富。這大概是種「擁有多少才是有」的心態轉換。

人生上半場、下半場往往有不同的境遇，有人上半場或許很順，下半場卻挫敗失意。我在美國時曾遇過一位退休的郵差，他悠閒地享受退休生活，輕鬆打高爾夫球；反觀一位曾

在政壇呼風喚雨的政治人物，年紀大了之後卻因為身體狀況不佳，只能躺在家中，原本的風光不再。到底誰得誰失？

別忘了，台灣的股票市場，下跌時間比上漲的時間還多，**處於逆境或劣勢正是練兵的絕佳時機**，儲備自己的能量，蓄勢待發，逆勢出擊才能反敗為勝。

充實專業，逆境反成磨練

值得提醒的是，面對逆境，自信心的正面力量雖然扮演關鍵角色，但這不是盲目自信，一廂情願認為只要有信心就可以度過挫折，重返光榮。

「專業能力」才是重要的籌碼。所謂專業能力，除了對於市場或該行業更進一步了解之外，對於產品（如電子、汽車、保險、餐飲等）的深度分析及規畫能力，以及持續的學習、抗壓能力、溝通力等，都是結合專業的實際戰力。

以最近大家認為最具前景的文化創意產業為例，在這個行業要站穩或甚至反敗為勝，需要什麼專業能力？首先，你必須對所要處理的文化產品有相當程度的認識，也就是你可能要知道創造的過程，甚至自己也有能力製作（雖然不是頂尖）。舉阿原肥皂為例，你可能要全心了解整個肥皂的製作過程，也探究這些肥皂與其他肥皂有何不同，對於肥皂的知識與製作能力，即是此行業的專業能力之一。除了肥皂的專業知識之外，對於市場分析、成本管控、原物料的掌握及行

銷與銷售管道的分析，甚至資金籌措等，都屬此文化創意產業的專業能力範疇。

整合能力，也是一種專業能力

由上面例子來看，專業能力不僅是對該產品或服務的深入理解與知識，可能更在於跨領域的整合能力，如果無法整合這些不同領域（設計、製造、行銷、財務），就很難踏入這個文創領域。別認為自己是懂行銷的、是搞企管的，就可以協助文化創意產品的市場化。簡單地說，各領域的專業能力，關鍵可能就在於如何整合，如何從不同領域思考，創造出新的領域出來。整合力絕對是專業能力的重要起點。

檢視手上擁有的有形、無形的資產，面對逆境時更應該學習，增強自己的能力，加強解決問題的專業能力。

試著評估自己的個性。有人失敗是因為過度自信，自我感覺良好，盲目擴張；有人卻是因為沒有冒險精神，錯失出手時機。檢視手上還有多少資產，包括不動產或現金流，預計留下多少資本，在在都要列入考量，完整評估後，再決定是否逆勢出擊、重新出發。

許多人都聽過「浴火鳳凰」這個古老的傳說，傳說中鳳凰必須先經過火焰的洗禮，才能重獲新生。

不論在個人生涯或企業的成長過程中，挫折都在所難

免。然而，面對挫折時的心態，往往讓個人或企業的能力高下立見。擁有自信者在面對逆勢時，能夠正確調整心態，將逆勢視為考驗的火焰，觀察現有條件和市場的需求，找出自身的弱點和長處，對症下藥，順利通過逆勢考驗，如浴火鳳凰般重生。

是的，面對逆勢，也是一連串解決問題的過程，除了保持信心、找尋解決問題的方式，不論是個人或企業，都必須持續充實專業能力，以加強競爭力，而解決問題的過程所累積的經驗，也能夠轉為 know-how，帶來更大的成長。

可貴的是，歷經重重磨難而得來的經驗，將成為個人或企業最大的資產之一，他日再遇逆境，昔日經驗及專業能力可以協助迅速調整自我、及早適應市場的改變，如此一來，逆境不但不足為懼，反而是能夠幫助個人、企業成長的助力。

所有春天的花朵，都是從冬天深藏的種子長出來的。冬天的蕭瑟，正是大自然生命再度復甦的暗示；詩人雪萊說：If Winter comes, can Spring be far behind?（冬天來了，春天還會遠嗎？）

CHAPTER 9

求新與求變

置身瞬息萬變的商場，換了位置更應該換換腦袋；

想要好的創意，認知結構就要跟著改變。

Man's yesterday may ne'er be like his morrow /
Nought may endure but Mutability

——Shelley' "Mutability"

人的昨天不會和明天相同／除了變，一切都不會持續

——雪萊，〈變〉

　　這兩行詩句出自英國浪漫詩人雪萊的〈變〉。詩一開始，詩人認為我們有如雲般，即使能遮蔽耀眼的月亮，但浮雲快速流動，一旦夜晚消失，雲也跟著消失：… yet soon / Night closes round, and they are lost for ever。一切萬物都在改變之中。

　　過去，我們常常強調穩定與不變，很多傳統公司守著上百年的基業與產品，成為有名的企業，不但成為社會驕傲，也是眾多人羨慕的行業。然而，面對全球化競爭以及人類求新求變的欲望需求，那種不變的企業，有如詩人所說的 clouds，即使曾經遮蔽月亮，但也正在消逝之中。

　　任何一名領導者想在市場競爭中勝出，「求新求變」是必備的思維：以往企業發展開始出現衰退時，創新與變革是帶給企業希望的開始，然而，現今商業模式推陳出新，領導者思維必須迅速更新汰換，如果等到企業發展受限才開始思考創新與變革，往往已經錯失良機。

　　「換了位置，便換了腦袋」常被視為負面詞彙，本章將告訴大家，在求新求變的企業界，這句話並非批評，也絕非負面，事實上，**置身瞬息萬變的商場，換了位置才更應該換換腦袋。**

改變由基礎著手，絕非一蹴可幾

　　首先，我們先釐清，所謂「求變」指的是 change，或是 reform：前者是在既有資源上重新分配；後者則是從內到外的變革。

　　一般談到改變，隨之而來的，一定會牽涉到增加資源及人事預算，也因此容易出現反對聲浪。

　　為此，有心改變者，首先要改變自己的心態，先評估在「不增加人力物力」的情況下可以做的改變，也就是**在現有基礎上調整，有了績效再要求資源**。簡單來說，**先拿出效果，才能說服人。**

　　我接任政大公企中心主任後發現，公企中心開辦的各種課程都是比照學校，以學年制開課，一年四期班，每期間隔一個月，等於每三個月休息一個月。不過，公企中心畢竟是訓練單位，不是教育單位，開設的課程應該像流水般，學員的學習才不會間斷，而且「沒有開課就沒有收益」，就像經營餐廳，翻桌率*要高，才能提高收益。

　　我決定有所改變，第一步是增加開班頻率。

　　為了說服員工，我先找統計系老師協助試算，以數據預估增加開課頻率可以為公企中心增加多少利潤，得出結論後，才調整開課方式，由一年四期班增至五期班。除了在現有基礎上予以調整，還開發新的市場，結合台北藝術大學等其他學術或業界，爭取市場研究等投標案，為公企中心爭取更多利潤。

　　經過半年，效益漸漸浮現，那一年正值經濟不景氣，許多公民營事業都刪減預算，但公企中心的營業額不僅沒有減少，還成長 10％，多賺 1,000 多萬元。我印象還很深刻，當年全台推廣教育中心，僅有政大公企中心及台灣師範大學的營業額成長。

　　現在回想起來，雖然當時力求改變，但我並非貿然行事，而是經過內部評估，考量整體資源、配備，例如教室容量、招生對象等，確定可行才著手改變，絕對不是「新官上任三把火」而想出來的 crazy idea。

翻桌率（turnover rate）

是指在餐廳中，一段時間內，每個桌子（或每個位置）被客人使用的平均次數，也就是在這段時間中，一桌可以接待多少組客人。

顛覆舊有思維，創造企業新價值

前面提到的經驗，剛好呼應「創新」的概念，也就是顛覆既有思維，將創意、想像力轉化成一個商業模式，進而帶給企業新價值。

說到創新，哈佛商學院名師克雷頓・克里斯汀生（Clayton M. Christensen）提出一個全新理論：「破壞性創新」*（disruptive innovation），該理論具有簡單、便宜及革命性三個特色，重點在創造或改造現有市場，提供新產品或新服務，帶給顧客新的價值。「破壞性創新」的三個步驟包括：

◆ 尋找未開發的顧客需求，拓展既有市場及周邊市場。

◆ 運用既有能力、競爭基礎持續開發新能力，以發展新業務。

◆ 引進或培養新人才，對公司文化必須有相當程度了解，並開創和壯大業務的人力資源。

破壞性創新

產品或服務透過高科技創新，提供顧客價值更高的產品或服務。是一種與主流市場發展背道而馳的創新活動，這項創新將可能使市場的領導企業被新進者所擊垮。

　　觀察國內外企業的發展，在資源有限的情況下，管理階層仍能進行創新與變革，摩根大通集團（J. P. Morgan Chase）是很好的例子。

　　為了擴大公司業務範圍，提供全方位的理財服務，摩根大通集團推動消費金融、企業金融及資產管理等業務，同時進行一連串的合併和收購，以擴展其經濟規模。過程中，難免遭遇整合衝突及組織文化不合等問題。集團便調整人事，調派適合的人才到正確的位置，同時引用外部優秀人才給予協助，建立完整的組織制度及文化。接下來，集團還創新產品銷售策略，著手開發海外市場。

　　另一個關鍵是，筆者於 2005 年在紐約曾與戴蒙有短暫交談，摩根大通集團執行長傑米‧戴蒙（Jamie Dimon）預測到，次貸業務比例過高可能會提升經營風險，因此他要求各部會在一定期限內，減少次貸業務；這項修正措施讓摩根大通在次貸風暴中得以站穩腳步，公司安然度過危機，進而成為美國第二大金融服務機構。

　　其實摩根集團的種種創新，就是對市場的改變保持高度危機意識，同時根據市場變化改變營運方式，由簡單的方案開始微調，先取得正面成效，增強內部信心，後續較大的改革就容易成功，才能在瞬息萬變的商場競爭中取得領先地位。

脫胎換骨，提升競爭力

相較於創新，「變革」是因應市場變化，改造企業原有的營運模式，以帶動企業組織內部的改革；「變革」也是追求自我突破的過程，藉由檢視自身的商業模式，推動內部改革，進而提升競爭力。

「變革」並非僅僅是為改變而改變，而是要進行市場評估，確實訂定變革計畫，時時修正，**唯有從觀念上改變，降低組織慣性，才能有效推動企業組織重新整合，奠定競爭的基礎**。

台灣企業中發展最成熟的，不外乎是傳統產業，但在市場環境的變遷下，傳統產業如同「溫水裡的青蛙」，能否在各種突如其來的變化中及時提出因應之道，確實令人擔憂。

現實狀況雖是如此，但傳統產業並非只能坐以待斃。

創立於 1946 年的台灣水泥經過多年的經營，歷史包袱沉重，龐大組織編制拖垮了經營效益。為此，台泥從2003年底展開大規模組織變革，第一階段首重紀律，徹底改變組織內部以往的做事習慣，同時輔以貢獻優先的績效獎金制度及成果導向的競爭模式，進而有效提升業績。

另外，台泥整合內部共同資源以及組織，重新調整運作流程，降低成本；適度引入新人才，也提拔公司內部菁英，成立核心幕僚團隊，加速推動業務發展，凝聚公司文化。歷經

種種變革，台泥市值倍增，更躋身中國前三大水泥廠，持續擴展中國大陸的市場版圖。

講一個比較另類的例子，幾個月前，我受邀至北京一家台商所開的餐飲連鎖店餐敘，該連鎖店在中國市場展店超過三十家，以台灣廚師的手藝呈現中國各省的特色名菜，獲得顧客一致好評。

猜猜看，這是哪一家台商？

答案是：台中知名的金錢豹酒店。許多台灣人到中國才知道，在台灣負面形象纏身的金錢豹，卻在中國有完全不同的企業形象，過去幾年的穩健營運加上轉型成功，金錢豹集團已在中國市場建立高知名度，目前全中國至少有超過一百家的百貨公司積極爭取「金錢豹國際美食百匯」的進駐。

金錢豹集團的成功無疑是一個 Early Change, Early Win 的例子，但這同時也是一個警訊，近年來，中國市場的崛起提供各國企業發展舞台，台灣的產業該如何適應大環境的變動，在有限的資源下，及早擬訂因應策略。

上下一心，求新求變

現在大家很喜歡講求新求變，但改變的緣由究竟是「上位者的意志」還是「時勢所趨」？

一般而言，在上位者都希望創新、變革，尤其是長期的穩定發展後，總會想要求新求變。身為一名領導者，如果有

足夠嗅覺和執著，來自市場與技術的改變以及顧客需求的變化，都是推動創新的動力，換句話說，領導者的思維足以決定一家企業的方向。

然而，領導者有心推動，只是改變的第一步，現實狀況是，來自上位者的構想，第一線執行者如果沒有共識，很容易認為改變是沒有意義的。改變要多管齊下，還要能夠眾人一心，才能說服第一線者執行。企業是否可以順利推動改變，有幾項參考指標：

◆ **公司結構**：如果公司結構很單純，內部運作通常是「老闆說了算」，但如果是上市公司，必須對股東負責，改變的過程可能會遇到阻力，像 IBM 公司面臨變革時，請到葛斯納出任執行長，當時公司員工並不看好他，某種程度也抗拒改革措施，但他有董事會的支持，也獲得充分授權，不配合改變的員工就得走路，以收殺雞儆猴之效。

◆ **領導人才**：想要改變，下一個問題是，有能力且董事會能夠信任的人才哪裡找？日本許多企業習慣把觸角伸往國外，像日本的 Nissan 就找國外的執行長；至於為何不在內部尋才，一般來說，內部人才有歷史包袱，面臨財源、資源等重大問題時，包袱往往很沉重。

◆ **創意來源**：所有創意都是在平凡的東西中看出不一樣
的面向，例如青蜂俠、蜘蛛人等電影重拍，但有的成
功，有的失敗。企業界要如何評估創新模式？

市場的改變也有很多陷阱，不少企業創新求變不成，最後
只能黯然退出，以線上音樂市場為例，隨著傳統音樂市場式
微，音樂界莫不將線上音樂視為大餅，但最後成功開拓市場
的不是音樂人，而是電腦軟硬體公司。

是的，這裡說的就是蘋果電腦，iPod 與 iTunes 的結合，成
功開拓線上音樂市場，使得蘋果成為數位音樂的代言人。不
過，蘋果的創意發想也不是無往不利，本以為數位相框大有
可為，結果發展卻不如預期。

既然是創新、變革，「創意」扮演關鍵的角色，在同一
個行業太久，長期累積的專業知識往往認為過去的知識是對
的，長期累積之後容易出現專業上的盲點，即使一路高升，
仍是根據過去的經驗處事，也就是「換了位置卻沒有換腦
袋」。讀者或許可以思考一下，未來金融產業破壞性競爭是
來自銀行本身，或來自新型企業如網路公司（阿里巴巴）、
科技數位公司如 Apple 等？

換了位置要換腦袋

All the world's a stage, and all the men and women merely players; they have their exits and their entrances, and one man in his time plays many parts...... .

這世界是一座舞台，所有男女都只是演員，每個人退場進場，一個人在一生中要扮演好幾種角色。

莎士比亞的這句話，道盡人生的起伏。劇中，被放逐的老公爵慶幸自己曾經歷過好日子，別人比他們還辛苦。而跟隨著老公爵，心情永遠快樂不起來的雅各（Jaques），則感嘆地說出：我們都是這舞台上的演員，有進場有退場，都得扮演不同角色。這裡他回顧一生，認為我們大概會需要演出七個時期的不同角色：嬰兒、小學生、情人、軍人、法官、乾癟老頭、痴呆死亡。

莎士比亞使用文學常用的手法：暗喻（metaphor），將世界說成一座舞台，我們都只是演員，演出一齣戲，有進場（entrances）也有退場（exits），比喻非常傳神。我們在世界舞台上，有時在檯面上，有時則下台一鞠躬，有起有落。但最重要的是，要扮演不同的角色（play many parts），不同時期、不同位置，都要演出不同角色。然而，現在官場或職場中，常常很多人都不知道自己換了位置應該演出不同角色。

有人在學校是個好老師、傑出學者，但是進入政府部門工作後，卻不知「換位置應該換腦袋」，還是用老師的腦袋坐在官員的位置，當然工作就做不好。同樣的，有些人擔任副總經理時很傑出，被董事會升為總經理後還是以副總的腦袋在運作，當然不是個稱職的總經理。在人生舞台上，誠如莎士比亞說的，應該在不同時期扮演很多不同角色，事實上，換了位置更應該換腦袋，**想要好的創意，認知結構也要跟著改變**，知覺要徹底重建，檢視自己的公司有何不同。

以國內的推廣教育中心為例，比較一下，政大公企中心與文化大學推廣部有何不同？

先看看兩邊的收益，文化大學一年的收益超過 9 億元，純益也有 2 億元，而政大的全年收益僅有 1 億多元，純益約為3,000 萬元。

以我過去的認知，政大長期以來累積的學術聲譽，形象正面，連帶應可帶動公企中心的營收，甚至超越文化大學推廣部，但這樣的想法顯然與事實有出入。

重建認知的第一步是觀察，我發現，由於文化大學是私立學校，推廣部可以開設的課程比較多元，例如寵物班、珠寶班，但公企中心開班的課程限制較多，我曾想開設咖啡品嚐班就被學校打回票，認為與政大的形象不符。

第二步思考的是該如何迎頭趕上，既然開班項目較多限制，我做的第一個改變是「從現有基礎延伸出新的商業模

式」，因此，後來公企中心開辦中國的教育參訪團，一個月平均一至兩團，七天行程有兩天在公企中心受訓，其他行程交給旅行社，這模式也確實讓公企中心賺了些錢。

第二個改變是「打破僵化認知層次」，以物流管理為例，雖然公企中心是營利單位，卻沒有月報表和季報表，只有年度結算，不利於管控。因此，我們規畫一套績效管理系統，每天可以清楚掌握收入、支出，透過明確的數字協助管理，做為開班、關班的依據，這是打破僵化的認知層次，久而久之，組織就會產生質變。

另外，「簡單化」也是很重要的創新概念，如果有更簡單的代替產品，原產品就會被取代。現代社會講求效率，簡化是現代主義很重要的概念，不過，如果只講求效率，容易忽略人性的一面，最好是多方兼顧，專業、效率加簡化是創意的重要概念。

好的改變值得等待

不要忘記，**改變需要時間**，因此，等待很重要。

試著想像一下，一家企業的改變時程需要多久時間，公司內外又願意花多少時間等待。我認為，改變的蜜月期是「三個月」。

一般而言，職場上對新上任的執行長、主管一定有所期待，等了三個月卻不見任何改變，容易被人看扁，但如果過

於急躁，也可能出現反效果，時間拖太長，助力會變成阻
力，而且阻力往往更大。

　　總的來說，短期目標應以三個月至半年為佳，以半年時間
習慣新的作法後，再推動下一次的改變，新的政策會比較容
易收到成效。

　　不可否認，改革一定會有陣痛期，其間眼睜睜看著大量人
力、物力付出，卻沒有實質成果。陣痛期的長短，要看企業
容忍度及改革者能否端出好的方案，根據市場上的經驗，陣
痛期可能是半年、一季甚至一年。

　　比較可行的作法是，可先從子公司試行新方案，如果成效
不錯，再推動到母公司。這樣的好處是，子公司原本就比母
公司單純，人員也較少，即使失敗，通常會在可以接受的範
圍內。

　　企業的改變不如個人的改變，其間牽扯到資金、執行
度、市場接受度等其他因素，複雜又緩慢，並且，每個企業
體的改變，都會牽扯到所有個人，包括在上位者、基層員工
以及消費者和其他市場競爭者。

　　然而，企業的改變和個人的改變也有相似之處，即講求在
內部既有的能力基礎上修正、增進，以因應外在市場的需求
變化。

　　企業為何要改變？因為改變後能在市場中重新定位，再
上層樓，而為了達到最好的效果，改變應是根據外在環境的

變化，從內部開始修正；將在上位者的願景傳達至第一線，說服第一線者徹底執行，唯有上下一心，才能將願景傳達給消費者。透過一連串的改變，不再墨守成規，破除僵化的思考，企業體才能常保彈性，達到永續經營的目的。

CHAPTER 10

整合的祕密

最好的整合，應該是在一個整合體中

仍能看見兩個企業體的不同之處，

彼此搭配，截長補短。

She walks in beauty, like the night
Of cloudless climes and starry skies;
And all that's best of dark and bright
Meet in her aspect and her eyes;
Thus mellowed to that tender light
Which heaven to gaudy day denies.
One shade the more, one ray the less,
Had half impaired the nameless grace
Which waves in every raven tress,
Or softly lightens o'er her face;
Where thoughts serenely sweet express,
How pure, how dear their dwelling-place.

—— Lord Byron, "She Walks in Beauty"

她走在美中，彷彿晚上
無雲，掛滿星星天空
正是絕佳的暗與亮
融匯於外貌與眼睛
醇化為如此柔和的光
這是上天未賦予俗麗的白晝
多遮一分，少亮一分
大半折損難言的優雅

飄揚於絲絲烏髮中

或微微閃亮於臉上

思緒安閒親切地顯現

停留之處，何等純潔甜美

——拜倫，〈她在美中行走〉

　　十九世紀英國浪漫詩人拜倫，在這首詠嘆美人的詩〈她在美中行走〉中，提到黑白的對比、暗與亮的完美結合，「醇化為如此柔和的光」；兩個看起來非常突出的顏色，在詩人的眼中，卻是極美的組合。

　　時尚界大抵不缺這方面黑白的整合，如 Chanel 的經典色系等。顏色的整合，創造了不朽的美感與整體性。人類歷史上，也都充滿這種整合的永恆性與美感經驗。

整合美學：整體中兼顧永恆性與個體性

　　被譽為世界奇景之一的金字塔，也是整合的經典範例；其中，埃及金字塔是迄今最大的建築群之一，也成為古埃及的象徵。

　　試想，為什麼埃及人喜歡蓋金字塔？

　　歷史上沒有任何文獻記載金字塔的建造方式，由古至今，世界各地的專家亟欲破解，但金字塔的建造過程始終成謎。

　　試著觀察這由石塊堆疊而成的錐體建築物，基座以正三角形或四方形等正多邊形居多，也有其他多邊形，側面則以三角形相接而成，向上延伸至頂部，面積逐漸縮小，頂部甚至呈現尖頂狀。

　　不論基座形狀、石塊大小，金字塔永遠四平八穩矗立於飛塵黃土，因此，在埃及人眼中，金字塔是自然界最穩定卻又保留各自特色的形式，也就是整合後，**仍能同時保有永恆性（permanency）和個體性（individuality）的最好方式**。

　　以時尚流行用詞形容，就像是不同材質、風格的服飾、配件經由「混搭」後，形成全新的流行樣式，如果能帶動風潮，正是代表「整合的美」，既能複製，且能同時保有永恆性以及整體性。

企業的整合（merge or integration）

　　這種整合所創造出來的整體性、個別性與美感經驗，也可以成為企業成長的經營理念。

　　我們來談談企業界的「併購」*、「整合」*。為追求企業成長，「併購」在產業界是常見策略之一，主併企業可以立即掌握被併企業所有的營運資源，有助於提高投資效率，並減少不必要的學習成本，迅速切入目標市場。

　　舉例而言，為了發展手機事業，中華電信於 2007 年併購

神腦國際，同時也希望借重神腦的人力資源、銷售文化、庫存管理及通路管理等能力，強化自身的行銷管理經驗。

簡單來說，併購是「拚速度」，全球電子代工龍頭的鴻海集團於 2006 年併購全球第二大數位相機代工廠普立爾，鴻海因此登上全球最大數位相機代工廠，而這正是併購案的最終目的。

鴻海雖然積極布局 3C 等消費電子市場，但在光學元件供應與技術獨缺臨門一腳，光學專業技術成本高，市場瞬息萬變，如果從零開始研發，時間根本不等人，勢必須透過併購才有辦法快速成長，這項併購案也迅速補齊鴻海在光學元件的技術缺口。

併購

「收購」及「合併」兩種財務活動總稱。收購是透過購買目標公司的股權或資產，取得該資產的所有權或目標公司的控制權；而合併則是兩家或兩家以上的公司結合為一。

整合

指兩家企業併購後，在營運層面及組織文化上的相互融合。

併購迷思：有情人終成眷屬？對比顏色永遠完美？

原本是獨立個體的兩家企業，透過併購「企業聯姻」，問題是，王子與公主是否從此過著幸福快樂的日子？黑與白，在上面的美人例子中，搭配完美。但是，是否另兩種顏色的組合（如藍白？紅綠？），永遠是美的？

答案是殘酷的。國外實證研究顯示，企業併購案的失敗率高達 75％，企業併購失敗的原因很多。

許多管理者在評估併購案時，第一個想到的面向都是財務方面的運轉，以及著重雙方能力或市場範圍是否互補，卻忽略了最重要的先決條件是「企業文化的整合」。

以明碁西門子併購案為例，2005 年明碁電通宣布併購德國西門子公司的手機事業部，當時明碁雖然在投影機市場的表現優異，但在手機市場占有率不到全球 1％，明碁希望透過併購案，獲得西門子的核心技術與品牌，邁向品牌之路，結果最後卻喪失原本代工的許多訂單，一年後虧損高達 6 億歐元。

併購案失敗後，市場議論紛紛，分析併購失敗的原因之一，主要是明碁**沒有考量跨國、跨文化的整合問題即進行併購**，其中管理文化的差異、經營團隊缺乏共識、人員整合的問題、員工的工作態度等抽象企業元素的差異，造成整合失敗，明碁最後不得不認賠離場。

　　除了明碁西門子併購案，華納集團（Time Warner）也曾經面臨併購失敗的危機。2000年網路泡沫時期，華納以1,470億美元收購美國線上（AOL），當時這項併購案還被視為網路企業榮景的象徵。

　　華納集團旗下擁有美國有線電視新聞網（CNN）、華納兄弟電影、《時代》雜誌，併購美國線上可藉此打造一個囊括電視、電影、雜誌、網路的超級媒體集團，但卻因為雙方的企業文化、管理階層無法整合，終於在 2009 年 5 月再度分拆*，分拆後華納仍保有龐大的企業資產，美國線上則急速衰退，市價也大幅萎縮，原因是它的營運模式不符現今網路市場的需求。

　　日本在 20 世紀 80 年代，併購不少西方企業，尤其是美國的指標性產業，然而，由於組織文化、語言溝通與管理理念無法整合，當初所謂「西方生產活力＋東方細膩管理」，兩個顏色對比的企業文化，並未創造出如香奈兒那種對比的美學！

分拆

企業將某一事業部門分割出來成立新公司，並將新公司的股權依比例分配予原公司的股東。

　　另外，「人才」也是企業在併購過程中容易忽略的課題，企業合併都必須經過一段人事變更的陣痛期，面對未知的未來，員工普遍會出現壓力、焦慮與不確定性，導致企業併購往往是人才流失的開始。

併購只是開始，整合才是關鍵

　　西方有句諺語：Don't put new wine into old bottles.（不要把新酒放進舊瓶），這句話出自《聖經》〈馬太福音〉，由於舊酒囊彈性欠佳，一旦倒入發酵中的新酒，酒精持續發酵勢必撐破酒囊，如果把新酒裝在新皮囊，酒與酒囊都得以保全。

　　然而，在企業界，舊皮囊可以裝新酒，搖身一變成為新皮囊。投資界常有所謂的私募基金，投資標的主要鎖定一些舊企業，雖然公司經營狀況不好，財務狀況不佳，但技術能力、客戶及公司內部優秀的人才還在，很適合翻新、重整。

　　曾是個人電腦銷售龍頭的戴爾電腦（Dell）因營運走下坡，創辦人 Michael Dell 聯合私募基金，讓戴爾下市重整結構、調整業務，一旦有新的策略、方向以及核心產品，市場也會重新評估公司價值。

　　東隆五金曾是世界前三大、台灣最大門鎖製造龍頭，然而，1998 年公司爆發 88 億元的掏空案，瀕臨解散清算邊緣，但債權銀行評估，東隆的技術、客戶群都還在，只是資金被

掏空，仍有發展潛力。債權銀行之一的匯豐投資私募基金，收購東隆五金，完成國內首宗企業重整的成功案例。

有個概念須先釐清：併購、整合是兩階段，併購一家公司後再決定是否整合，例如市值位居國內金控前三名的兆豐金控，2002 年成立之初為交通銀行成立的交銀金控，年底納入中國商銀後更名為兆豐金控，併購三年後，雙方才展開整合。

一般而言，兩家理念不同的企業，必須先闡明企業的目標以及對未來的預期，雙方有了基本的共識，再來擬訂未來的整合策略、基本架構，透過不斷的修訂與檢討，才能徹底達到融合的目的。

從歷史來看，羅馬帝國運用婚姻、血緣「併購」，藉此擴大領土；成吉思汗東征西討，為橫跨歐亞非的帝國奠下基礎；日本割據台灣；都是武力併購的例子。然而，這些「併購」的基礎很脆弱，時間久了就出問題，只有整合才能永續。

現今企業併購整合很多，尤其是跨國併購，為了讓併購達到最好的效果，歐美企業甚至有專門整合的部門。以管理的角度而言，整合屬於高階的管理手段，整合的功效很重要，而整合的關鍵是，不要忘記當初併購的目的。

併購、整合有寬有鬆，寬鬆與否和主併企業的經營策略、企業文化有關；寬的話可能在併購後只整合董事會，主

併方頂多派董事長及財務長掌控董事會的大方向，其他由被併方自行運作，這類併購多是截長補短，留下好的企業文化、好的人才。

中華電信併購神腦就是一個典型的例子，神腦的銷售文化很強，如果硬要灌入中華電信的銷售文化就沒意義。

事實上，併購並不是唯一的萬靈丹。併購的成敗往往取決於是否確實找到好的整合對象，更重要的是，併購的成敗並非一時所能衡量，至少須經過兩年之後，才能有效確認併購與整合的成敗。

成功的整併：一加一大於二

併購、整合的成功有何先決條件？

先談談「企業文化」。就個人經驗來看，亞洲的企業一旦是主併的角色，就想把自家公司的企業文化帶進被併的一方，但試著想想，難道併購只是為了買一個殼？還是要買進對方的競爭優勢，例如積極的銷售文化、高風險控管能力、彈性制度或技術能力？

中國聯想集團於 2005 年併購 IBM 的個人電腦部門，雙方高層組成一個文化整合團隊，以中西合璧為出發點，討論雙方企業有何優良文化，同時也試著找出併購後可能對員工產生的負面影響，並且擬定解決腹案。

聯想也建立一套薪資的激勵機制，利用薪水或教育培訓的

方式降低員工的流動度，重新建立對企業的忠誠度等，都是幫助雙方企業文化融合的方法。透過這些整合策略，聯想於 2011 年起成為全球第二大個人電腦生產商，2013 年起成為全球第一大個人電腦生產商。

組織文化整合：誰是強勢？

文化研究中都會提到，任何社群或團體都存在主流文化（dominant culture）與次文化（subculture），主流文化向來比較強勢，大抵主導整個團體的主要作為及價值，但是如果主流文化硬要馴服次文化，一定會產生很多衝突，甚至造成團體的不穩定。同樣道理放在企業併購上，主併企業如果只是強勢征服（conquer）被併企業，其損失可能更多。既然已經是主併企業，反而應該謙卑，接受被併企業好的觀點，讓雙方企業一起發展。

當然，**謙卑或強勢征服是依個案而定，終究還是要回到併購的目的**。有時候被併方已經快倒閉了，主併方自然比較強勢；但如果是兩家好公司合併，情況就不一樣，合併好公司，要懂得應用對方的優點、特色，整合最好能創造「一加一大於二」的概念，態度謙卑，優點才能凸顯，甚至倍增。

值得注意的是，**在不同時期，策略也有所不同**，像羅馬帝國一開始是強勢征服，之後就讓各地自行治理，不論如何應用策略，務必謹記一開始所提到的金字塔概念：permanency、 individuality，兼顧穩定又凸顯特色。黑白兩色雖然調配得宜，在拜倫的美人身上，黑白還是各自獨立存在，並非混成沒有特色的「灰色」！

併購過程中，人才也是企業容易忽略的課題，人事變更的陣痛期在所難免，最怕發生「劣幣驅逐良幣」。為此，領導者務必做到「提高決策透明度」，降低不確定因子引發的恐懼，被併購企業的高階人才也較容易留下來；同時加強溝通，減少員工的焦慮與不確定性，取得員工的信任。

併購成為企業常態，不併購就不會產生 know-how，但併購前後似乎很難避免人才流失。西方企業界有主併企業把自己當成獵人頭（head hunter）的角色，企圖留下對方的好人才。以美國奇異公司來說，兩家併購後成為一家公司，通常一家公司僅有一位財務長，主併方會以優渥的條件讓自家公司的財務長離職，留下對方的財務長，但類似的情形在亞洲企業界比較少發生。

亞洲企業主導併購，多著眼於入主被併企業，相較之下，西方企業的併購有時是想要被併方的人才、技術。美國摩根大通銀行於 2004 年併購美國第一銀行，規模僅次於花旗集團，當時美國第一銀行執行長是 Jamie Dimon，他並未因為併購案而去職，甚至於 2006 年起接任摩根大通執行長一職。一般認為，當時的併購案也有 head hunting 的考量。

歷史上，整併最有名的例子就是十七、十八世紀的蘇格

蘭、英格蘭、愛爾蘭,透過合併法案,成為大英國協。三方當時是透過婚姻整合,考量權力分配;成為大英國協後,由於僅有一個王室,無法再經由婚姻整合,接下來要思考的是,三方的共通點為何?他們共同的歷史文化背景與共同的利益,成為整併的利基。由於三者的語言各有差異,雖以英格蘭的英語成為整合的工具,但仍維持各個地方的風俗與特殊用語,之後,透過婚姻整合、貴族交流及權力重新分配,終於形成一個大英帝國(The Kingdom of Greater Britain)。

然而,在十九世紀,愛爾蘭卻出現分離的命運。當時,英國遭遇糧食饑荒而要控糧,但英國的大財團為了維持糧價,一方面保有存糧,一方面不讓外國糧食進口,然而愛爾蘭沒有存糧,結果愛爾蘭因為糧食無法進口而餓死一半以上的人。愛爾蘭先天土地貧瘠,英格蘭卻漠不關心,種下選擇獨立的因。

近年來,蘇格蘭也興起獨立運動,並在 2014 年進行獨立公投,雖然沒有成功,但從十八世紀以來的整併,卻面臨挑戰。大英國協的這三大公司,都面臨「分拆」危機。其整合的道路,由於時空與經濟利益的改念,已經面臨很多困難。如蘇格蘭長久以來認為英格蘭不尊重地方政府的權力運作,也一直瓜分其北海石油利益,年輕世代於是興起分拆的念頭。

從歷史上來看,整併其實只是一個手段,整合才是過程與

目標的最終檢驗。國家政府所思考的不僅是主權問題與人民感受，更是利益分配及文化尊重的多元思維。企業經營也是如此，如何在整合中**尊重不同組織文化**，**重新啟用人才**，**利用兩方優勢**，產生最大效益，可能是所有企業主在併購前，所必須思考的問題。

併購不是萬靈丹

　　併購雖然是產業界常見策略之一，但企業自身的成長，才能厚植競爭力與核心能力，相較併購這種無機成長*（inorganic growth），很多企業也透過有機成長*（organic growth）發展事業版圖，像是充分運用內部人才、引入外部優秀人才、有效率的資源分配、運用內部資源轉投資、擴大資

無機成長

是指企業透過外部的併購，擴張企業規模及營運版圖。

有機成長

是企業透過內部的調整和優化，使企業本身增值或是價值再造。

本支出、強化研發創新能力、培養永續的競爭優勢等，透過整合內、外部資源，展現企業實力。

舉例來說，2005 年，宏達電選擇切入市場不大但潛力無窮的手持式電子裝置市場。相較其他業者，宏達電的營運方針從滿足既有的市場需求，轉移到超越現有的需求，並鎖定高階市場研發產品。

宏達電從研發部門的產品開發流程著手，鼓勵工程師思考如何增加客戶的價值，並且透過內部討論，嘗試不同的解決方案，不僅達成共識，對資源運用有了共同目標，也能有效運用資源。這也是宏達電的產品能持續跳躍性成長的原動力，從 PDA 到 PDA 手機、到智慧型手機，技術與產品的創新便是宏達電持續追求有機成長的關鍵（雖然如此，2014-2015，宏達電也面對市占率大幅下滑的窘境）。

相較於逐步增強企業能力所需花費的大量時間，「併購」所能帶來的躍然性成長，確實是吸引許多企業併購的主因，既能免去不必要的麻煩路，也幾乎是直接接替別人的成果，直接進入一個新市場。

然而，「併購」和「整合」間最重要的界線，卻往往被模糊了；一心只以利益考量企業的併購，是絕不可行的，每個企業體都是有機的生命，其中各有各的文化特色以及優缺點，如果只因利益考量而沒有審慎思考，併購就如同「油之於水」，兩者互不相容，但如果能夠謹慎面對兩個企業體之

間的文化差異，彼此尊重雙方所長，如此的整合則如同「乳之於水」，兩者交互相融，更能產生芳香的氣息。

不過，成功的整合也不代表兩個企業體的完全融合，**最好的整合，應該是在一個整合體中仍能看見兩個企業體的不同之處**，有如拜倫的美女，看到黑白分明的對比，就產生一種渾然而成的美感。簡單來說，彼此搭配，截長補短，互相尊重對方強項，共同努力邁向相同目標，這才是最成功的整合，也達到整合的最高境界：永恆性與個體性。

CHAPTER 11

埃及豔后馭夫術
槓桿的力量

槓桿的力量在於「以小博大」，但它是一把兩面刃，

唯有彈性運用，靈活調整支點並具備風險管理概念，

才能避免反受其害。

Maecenas: Now Antony must leave her utterly.

Enobarbus: Never; he will not: / Age cannot wither
her, / nor custom stale/ Her infinite
variety: / other women cloy / The
appetites they feed: / but she makes
hungry /Where most she satisfies......

──William Shakespeare, *Antony and Cleopatra*

梅西那斯：現在安東尼得完全甩開她了吧。

艾諾巴勃斯：不！他哪裡丟得開她／年齡不會令她凋
殘／熟悉也無法／折損她的千嬌百媚／別的女人，你嘗到
了甜頭／就沒胃口了／她可是讓人越滿足／越飢渴……

──莎士比亞，《埃及豔后》

　　莎士比亞的《埃及豔后》，書中描述埃及豔后面對強大
的羅馬帝國入侵，如何在弱勢中，找到施力點？如何在男人
中，找到最有利的支點？以撐起埃及王國於不墜。在這場權
力遊戲中，她運用了「飢渴─滿足」間的不平衡，掌控了
當然的權力人物「安東尼」，可說完全運用了槓桿支點的力
量。我們來看看以下的圖示：

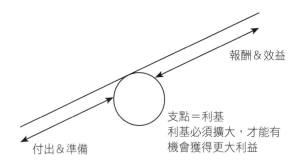

報酬＆效益

支點＝利基
利基必須擴大，才能有
機會獲得更大利益

付出＆準備

　　由上圖可知，功成名就往往是靠關鍵的一點，也就是槓桿原理的支點，堪稱是「小兵立大功」，但許多人卻容易忽略。埃及豔后就是不斷變化能吸引男人注意的特質，創造新奇，才能駕馭男人。

　　舉個教育界的例子：創校於 2001 年的亞洲大學在國內大學界尚屬年輕，校方花了上億元招收國際學生，祭出獎學金等策略，吸引國際學生及國內資優學生，引起不少討論，然而對校方而言，更重要的目標是行銷策略，校方砸了數十萬元做媒體行銷，以國際化及資優招生策略迅速打響了名號，短期內吸引眾多國內學生及家長的目光。以一個小小招生行銷，提升自己學校聲譽，真是小兵立大功。

　　類似例子並不少，許多學校會舉辦記者會、發布新聞稿，花數十萬元做媒體行銷，讓學校特色更廣為周知，小小利基，行銷效益卻很大。

槓桿的不同運用：個人與企業

　　了解槓桿的原理後，就可以將槓桿運用在各方面管理，舉凡個人管理到企業管理，甚至是跨企業的管理組合，都適用槓桿原理。

　　先從個人的槓桿談起。顧名思義，個人槓桿主要是運用自身擁有的資源，包括學歷、人脈、經驗等等，來達到最大效益。舉例來說，甫踏出社會的職場新鮮人仰賴學歷得到第一份工作，這就是運用槓桿的第一步；從第二份工作開始，憑藉工作以來累積的專業知識、經驗，例如過去曾做過某個專案、投資或併購計畫的經驗，說服他人自身具備企畫、行銷等專業能力，成為有力的槓桿資源，以爭取更好的工作環境。

　　另外，人脈也是轉換工作跑道的加分因素，有時是透過上司推薦，或經由同事、部屬得知適合的工作機會，職業生涯因為這些人脈的幫忙而有更好的發展。很多人在轉換公司後，馬上可以獲得倍數的薪資，大抵都是槓桿運用。

　　就企業來說，企業槓桿運用的是組織內外的資源，像是財務、人才、品牌與策略聯盟，其中又以財務槓桿最為常見，企業在籌措資金時，可適度舉債*，調整、制定資本結構，創造更多的收益。

　　早期評定企業表現的標準之一，是根據企業的有形資產，但企業必須仰賴人才技術、能力才能順利運轉，因此現

今企業更注重人才的專業智慧，也就是無形的資產。

進一步觀察全球人力資源市場，可以見到越來越多亞洲企業外聘國外高階主管，像是前宏碁總經理暨執行長、現任聯想集團總裁及首席營運長，蘭奇（Gianfranco Lanci）；中國通訊服務供應商騰訊聘請美國知名遊戲製作人格雷（Steve Gray）擔任研發顧問，負責遊戲製作與設計業務；而中國第一大電信設備生產商華為，也延聘曾在 IBM 和西門子服務過的拉芬斯伯格（Ronald Raffensperger）擔任營運銷售部門主管。跨國性人力資源除了代表企業對於人才槓桿的充分運用，也是台灣人才競爭力提高的一大表徵。

品牌行銷的槓桿運用

品牌形象，也可視為槓桿的一大手段。

一個強勢品牌能讓新產品的開發更順利，並讓企業的品牌

舉債

一般可將企業的資金來源分為兩大類，其一為發行新股，其二為舉債，舉債是企業向他人（金融機構、個人、母公司等）借款，以獲得企業所需的資金。舉債會擴大企業的財務槓桿，並有稅盾的效果，避免或減少企業稅負。

形象重新提升，這些具有品牌槓桿能力的企業，所推出的產品並非都是有形產品，同時也蘊含著無形價值，甚至還帶有顧客對品牌的期望。

　　簡單來說，品牌是足以讓企業價值提升的關鍵，許多企業也利用品牌展開多角化經營，例如全球知名的華特迪士尼公司代表歡樂、夢想與娛樂，由此延伸，迪士尼可以很輕易地發展其他娛樂服務，從早期製作卡通影片起家，到現在跨足電影、電視、主題樂園、旅館等，迪士尼的娛樂王國儼然成形。

　　2006 年，迪士尼以 74 億美元買下皮克斯動畫工作室（Pixar Animation Studios），延伸原本的品牌優勢，提高授權商品的商業價值，順著品牌優勢藉力使力，更重要的是，皮克斯原本是迪士尼動畫事業的威脅，如今卻搖身一變成為迪士尼品牌加分的利器。

　　不過，企業資源畢竟有限，如何利用有限資源創造更高價值？現今最多企業使用的方法，是**策略聯盟***與**合資，透過策略夥伴創造槓桿**，簡單來說就是使用他人資源，資源共享、

策略聯盟

兩家或兩家以上的企業為了突破困境、提升競爭優勢或達成同一目標，所建立的合作關係。

互利互榮，創造雙贏以達到綜效*。

很多企業為了強化競爭力，或在全球化布局時先採用策略聯盟的方式，透過聯盟夥伴當地的資源，探索、熟悉新市場，像兩岸簽訂〈金融監理合作了解備忘錄〉（MOU）*和〈兩岸經濟合作架構協議〉（ECFA）*後，部分台灣金融業者便與中國金融業者策略聯盟，了解中國市場需求。

日常生活中最常見到的策略聯盟，就是合作推出促銷優惠，像是店家與信用卡銀行推出聯名卡，消費者只要持聯名卡到指定店家消費，即可享有優惠折扣或消費紅利優惠，有效擴大目標市場範圍。

綜效

公司合併後之整體價值會大於個別公司價值的總和，即「一加一大於二」的效果。

金融監理 MOU 協議

涵蓋銀行業、證券期貨業及保險業，主要內容包括：資訊交流、資訊保密、金融檢查、持續聯繫、危機處置等 5 點合作事項。

抓住關鍵，運用槓桿創造優勢

前面談到由個人到企業，如何運用槓桿的力量加速累積資源，但該如何創造自身利基點，發揮槓桿的力量？

在知名的滑鐵盧戰役中，拿破崙慘遭英軍擊敗，但卻使羅斯柴爾德（Rothschild）家族*站上當時金融界的頂點，他們又是如何利用自身優勢，創造這次的勝利呢？

羅斯柴爾德深知滑鐵盧戰役不但擁有重大軍事意義，也對

ECFA

為兩岸雙邊經濟協議，涵蓋範圍甚廣，包含商品貿易（排除關稅和非關稅障礙）、服務貿易、投資保障、智慧財產權、防衛措施、經濟合作、經貿爭端的解決機制等。

羅斯柴爾德（Rothschild）家族

十八世紀末期，羅斯柴爾德（Rothschild）家族創建整個歐洲的金融和銀行現代化制度。在奧地利和英國，羅斯柴爾德家族成員先後被王室賜予貴族身分。英國的歷史研究者弗格森（Niall Ferguson）認為，羅斯柴爾德家族是十九世紀中全世界最富有的家族。

金融界有深刻影響。由於戰敗國須給付賠款，所以國家公債將會一文不值；相對地，戰勝國的公債將會狂漲不止。戰事的結局似乎是一場豪賭，但羅斯柴爾德家族利用自身在歐洲大陸建構的情報與快遞系統，在英國戰勝消息傳回倫敦交易所前三天，就先大量拋售英國公債，使得英國公債價格只剩原價的 7%；而後，又大量買進英國公債。

三天後，戰勝消息傳回倫敦，造成英國公債狂漲，羅斯柴爾德家族在這次機會的獲利，幾乎是他們前半生所賺財富的一百二十倍，真是發揮槓桿的最好實例。

用槓桿創造優勢，未必要大費周章，四十幾年前，一位原住民繳不出 8,000 元被診所拒收，徒留地上一灘血，幾經流傳成了「慈濟一灘血」＊的故事，也成了慈濟志業的起點，證嚴法師發願從事社會救助事業，蓋一間不會拒收病人的醫院，「一灘血」的故事增添了慈濟志業的傳奇，概念雖然簡單，發揮的效益難以想像。

人生不是每個階段都在最好狀態，或許你剛完成一個階

慈濟一灘血
一名原住民婦人因無法負擔醫藥費而遭醫院拒收的故事，故事尚有爭議，相關人士有不同的看法。

段，比方說拿到博士學位，但一段時間後，下一個階段的優
勢為何？因此，只要身邊有值得運用的資源，務必善加利
用，而這就是你所擁有的能力。

　　以科技業為例，從業人員的專業差距不大，因此，科技人
最大的槓桿不在專業，而在其他能力。如果一個科技人的英
文很好，就可以拉開與其他人的差距：一個英語能力強的科
技人，就是一個具有國際移動力的人才，這時英文能力就是
那個支點！簡單來說，外語能力是乘法，不是加法，而這樣
的乘法概念就是槓桿原理。

靈活調整槓桿，加乘效益

　　不過，槓桿力量的加乘效益雖然很誘人，相對地也代表了
一定程度的風險，2008 年的金融海嘯影響全球金融市場，起
因之一就是過度流行高財務槓桿的經營模式，發展出許多號
稱高報酬的衍生性金融商品*，最後因為次級房貸造成全球經
濟的瓦解。

　　槓桿力量要因時制宜，彈性運用。熱門團購食品「阿舍乾
麵」一開始透過網路販售，簡單成本卻創下驚人銷售佳績，
全盛時期至少得等半年以上才會到貨，但當事業發展到一定
規模之後，這種「飢餓行銷」策略，就必須有所改變。

　　簡單來說，運用槓桿力量，一開始可以用小力量獲取最大
利益，但久了之後，支撐點可能會斷掉，須尋找新支點做為

支撐。如果沒有移動支點，很容易過度曝光，老是講同樣的東西，新鮮感盡失。除了移動槓桿支點，也要尋找不一樣的槓桿資源。過去很少人談十九世紀的英美文學或美學，在這裡以英美文學或美學為管理的基礎，就是一個新支點。如何不斷移動那個支點，如埃及豔后一樣，**不斷創造新支點**、創造不滿足，就是最佳的槓桿運用。

　　槓桿的支點要因時移動，這牽涉到兩個觀念，一是不能過度使用槓桿，另外也不能靠一招半式吃天下；剛開始可以靠一個槓桿，但之後要增加支撐，否則初期雖有效益，但之後效益會減少。

　　「水能載舟亦也能覆舟」，就像前面提到亞洲大學的例子，當學校運用行銷發揮槓桿力量，藉此塑造學校優質形象，但最終關鍵還是實質內容，如果內容不夠完善，最後反而會受傷害。

衍生性金融商品

衍生性金融商品指依附於其他資產標的物上的金融商品，其價值高低取決於標的資產。如股票市場所衍生的股票指數，或債券市場所衍生的債券指數，後來都成為金融市場的交易商品。

挫折困境轉為槓桿優勢

回到個人槓桿的運用。過去成長環境比較惡劣，現在想想，那反而是槓桿的優勢——以前的人不念書就沒前途，但念書時沒錢補習，只好自己想辦法，翻字典猛背，當時我們最大的本錢就是記憶力驚人，運用記憶力彌補其他不足，這就是個人槓桿力量的小支點；但之後，就不能只靠記憶力，後續還要發展其他資源創造其他支點。

就像美國許多黑人球員出身貧困，唯一出路就是打好球，美國的教育強調 encourage，鼓勵小孩從困境中爬起；「飢渴和挫折是成功重要的土壤」，不要害怕挫敗，負面力量可以激發潛力，或許可以透過創造困難，產生正面力量。那個「貧窮」就是很好的支點，但是成功絕不僅是靠著貧窮，還有其他的支點，如毅力、人脈，都是可以運用的「支點」。

職場上常以「草莓族」形容不願吃苦的年輕人，如何避免自己的孩子「外表光鮮、內心脆弱」，父母的態度是關鍵；父母要學習對小孩放手，還要創造挫折感、刺激的機會。現在年輕人受到的挫折感不夠多，所以往前爬的機會不大；挫折感多會抹煞志氣，可是只要能從挫折感中竄出來的人，就是人才；挫折越多，竄出來的人越堅強。

不可否認，回想起來，30 歲以前，我們的負面力量很強：環境不好、沒有資源、充滿牢騷。但那反而激發我們的

潛力，然而，一段時間之後，必須仰賴正面力量，如一些成就、一點人脈，才不會被擊倒。

每個人的人生都有三至五次機會，一旦機會來臨時沒有準備好，沒有正面力量克服恐懼，機會容易白白流失。從報酬的觀點來看，學習讓正面力量戰勝恐懼，自然有機會獲得較好的報酬。當我們離開自己的舒適圈（如放棄政大財管系的專任教職，或從國立大學退休），轉換跑道到實務界，內心也曾充滿不安。但是這種冒險的舉動，可能也是創造槓桿的第一步。

槓桿原理很重要的是「冒險精神」，沒有冒險精神就沒辦法做槓桿。當然，這和個性及個人條件有關，有的人先天個性就不喜歡冒險，被迫冒險痛苦萬分，但個性保守的人還是可以嘗試冒險，讓自己做些改變。

不要忘記，許多事務的運作過程及最終結果，本來就會出現誤差，試著接受誤差。有了冒險精神，還要有風險管理*的

風險管理

風險管理指對風險的辨識、衡量、評估及因應，目的是將可避免的風險及損失極小化，或是歸納不同的風險，選擇所能承受的風險。

概念，多比較自己和他人的能力，才能從中發掘出自身的利基，然後藉由槓桿的力量，發揮加乘的效益。

槓桿能夠在一個支點上以最小的成本換取最大的效益，槓桿力量自然不同小覷。只不過在運用槓桿的時候，風險管理也是很重要的概念。

如何創造槓桿是第一步，不過在創造槓桿之後，還得要時時調整槓桿的支點，才能夠使槓桿保持彈性，以因應萬變的環境。如果沒有常常檢視槓桿的彈性，只要一個意外，槓桿很可能就會支撐不住突如其來的力量，慘遭斷折。

也因此，**槓桿是一把雙面刃，它能夠幫你快速累積成果，同時也能讓你毀於一夕**，所以運用槓桿的時候，務必要有冒險精神和風險管理的概念，才不會一竿子打翻一條船，賠了夫人又折兵。

值得注意的是，槓桿的運用必須隨著時間的累積而有所進步，也就是槓桿支點（利基）必須要移動和擴大，用以支撐和承擔更多的報酬。必要的話，甚至可能要運用多個槓桿，才可在競爭激烈的市場中保有競爭力，埃及豔后利用各種不同的手法，滿足安東尼，又不斷創造不滿足，長期吸引男士，這種不斷創造及改變支點的策略運用，值得我們學習。

CHAPTER 12

價值與感動

生命中有了價值的貫徹，人生才會變得充滿意義，

才有持續下去的依據；企業亦如是。

Silas began now to think of Raveloe life entirely in relation to Eppie: she must have everything that was a good in Raveloe; and he listened docilely, that he might come to understand better what this life was, from which, for fifteen years, he had stood aloof as from a strange thing, wherewith he could have no communion... And now something had come to replace his hoard which gave a growing purpose to the earnings, drawing his hope and joy continually onward beyond the money.

——George Eliot, *Silas Marner*

Silas 開始看待 Raveloe 的生活，完全跟 Eppie 有關。她一定是擁有 Raveloe 美好的一切。他溫柔傾聽，或許更能理解自己的生活，對於他自己的生活，過去十五年來，他離得遠遠的，好像那是很奇怪的東西，完全沒有聯繫……現在，某個東西取代他的積蓄，漸漸賦予金錢的目的，帶領希望及喜悅，持續往前，超越金錢。

——艾略特，《織工馬南傳》

英國十九世紀女作家喬治・艾略特這本小說《織工馬南傳》，主要是談價值對人生的影響，開頭引用英國浪漫詩人華茲華斯（Wordsworth）的詩，認為小孩帶來人類的希望。《織工馬南傳》的主人翁 Silas 原本虔誠為教會奉獻，但教會指控他偷竊主教金幣，讓他喪失信仰，生命失去價值與意義，從此過著行屍走肉的生活。

Silas 的生活簡化到只剩動物本能，只會機械式地織布，日復一日了無生趣過了十五年，直到有一天，他撿到一名棄嬰，生活中多了一個新生命，Silas 再燃希望，重拾生命的價值，也再度重拾對工作的熱情！

人的一生為何？難道只是為了「活下去」而努力工作嗎？如果只為了活下去，跟 Silas 過著行屍走肉的生活有何不同？如果企業只是為了賺錢，那也是個行屍走路的企業。近年來被社會所唾棄的那些黑心食品公司，不就是一些行屍走肉的企業嗎？

工作即生活，生活即工作

許多人把工作、生活截然分開；工作是為了賺錢，下班才是生活，工作被罵，遇到挫折，老是把「工作就是為了賺錢嘛」這種話掛在嘴邊，阿 Q 式自我安慰。

工作真的只是為了五斗米折腰嗎？

　　對我們這一輩的人而言，工作與生活是結合在一起的，
「工作即生活，生活即工作」，其中蘊含了自我價值，也是
支撐下去的動力。因此，一旦把工作與生活切割，往往與職
場疏離。如果工作只為了金錢報酬，金錢換來的享受雖能紓
壓，但也只是一時。

　　以哲學觀念來看，一個人的生命如果沒有價值，就會對某
些東西產生偏激的觀念，像《織工馬南傳》的 Silas 緊緊抓住
金錢，價值觀脆弱，一旦失去了生活中的依靠，人生就不知
如何走下去。長遠來說，**建立生活或工作對於自我的價值，
是讓人持久做一件事的重要依據**。多數成功人士也都是在工
作中找到價值，把工作當成生活的一部分，工作就是一種樂
趣。

　　或許有人聽了不以為然，認為在職場上談「愛你的工
作」根本是喊喊口號而已。其實不然。想想看，上班族每天
至少有三分之一的時間花在工作上，如果對老闆、同事都抱
持敵意，該如何生活；相反地，如果能在職場找到信任、被
接受的感覺，才會有熱情持續下去。月薪 4 萬 3 千元與 4 萬 6
千元差別不大，最大的差別是工作的價值為何？把工作與生
活價值結合在一起，在生活中找工作靈感，在工作中享受生
活樂趣。

一點一滴，塑造你自己的價值

如何從一個認為「生命沒有價值」的人，變成一個認為「生命有價值」的人？坦白說，這需要時間，人生不可能有戲劇性的改變，很難因為突然領悟而立即改頭換面，而是不知不覺改變，就像馬南從小孩身上發現生命的美好，慢慢被生活中的點滴所感動，作者把價值的形成比喻成樹液的流動；人的價值培養是從小地方開始，有信仰再慢慢累積想法。

涓滴細流匯流成海，一個小小的想法就像水滴，終究匯流入意識長河，影響一個人對價值的判斷。抱怨完工作，不妨靜下心來問問自己，究竟想在零碎生活中垂頭喪氣，還是在工作中創造價值、提升生活質感。

所以，回到剛剛所說，如果你習慣切割工作與生活，自認工作沒有價值，長久下來，「沒有價值」的想法會逐漸主導你的價值觀，一整天都過得毫無價值，還會有心情享受其他的生活嗎？

相反地，如果能在工作中找到一點點成就感，讓你覺得工作是有價值的，一點點成就感逐漸累積成厚實的成就感，開始感受到工作有價值、有意義後，你就是創造價值的人。這樣的自信會引發更多正面思考，生活自然充滿意義。

　　或許你會認為自己的工作很難找到成就感，事實上，任何人都可以在工作中找到「美的一部分」。至今還記得，之前擔任主管時，座車駕駛吳先生對工作有一套信念：不僅自我要求準時，也希望老闆可以直接抵達目的地，不必過馬路，也不用撐傘，為了不要延誤行程，他還會事先研究路線。

　　「讓老闆準時且舒服到達目的地」是吳先生對工作的要求，也建立了這份工作的價值，不僅他做得起勁，老闆也享受到高品質的服務。所以，**工作的價值不是因頭銜而有差異**，不要以為當上總經理、經理，工作才有價值，每個人都可找到工作中的成就感，創造自我的價值。

　　企業也是如此。無論是個人或是企業，都需要靈魂的注入，當企業有了靈魂，才能夠跟「人」產生連結。來自內部的呼應與感動，才能進一步影響消費者。

企業的靈魂就是其核心價值

　　平常偶爾會去建國中學附近一家乾麵店吃麵，店內總是高朋滿座，且店家注重乾淨, 口味不油膩，也不會隨便漲價，四、五十年如一日，默默將他們的經營理念以最具體的方式傳達給消費者。

　　這讓我們聯想到，蓋房子最重要的就是地基，房子越高，地基就要越深，房子才蓋得穩；同樣的道理也可以應用在企業經營上，核心價值就像地基一樣支持整個企業，是企

業的最高指導原則,更是組織最基本的奉行理念。

舉例來說,嬌生公司的理念之一是「對使用嬌生產品、服務的人負責」,無論在消費性產品、藥品或醫療器材等事業體,都維持一定的品牌形象。1982 年美國發生千面人事件,6 人服用嬌生公司的明星止痛藥 Tylenol 後不幸死亡,嬌生不僅全面回收市面上的 Tylenol,也重新更改包裝,半年後重新上架,再度贏回原本的市占率。

企業核心價值深深影響未來的發展走向,想想搭乘台鐵與高鐵的經驗。台鐵過去偏重運輸功能,周邊服務為人詬病,連廁所清潔都做不好,有待加強,顯然主事者不重視,員工不在意,連帶影響台鐵的服務品質。相較之下,高鐵重視服務品質,月台上常見清潔人員穿著筆挺制服,等著進入車廂打掃,明顯讓人感受到高鐵的員工經過嚴謹訓練,形塑專業的形象。

企業如何建立核心價值?

我們先來談談,企業需要怎樣的核心價值。

核心價值最重要是「**先感動自己,才能感動他人**」。我有個學生政大畢業後放棄一流會計事務所,反而選擇投身保險業,就是因為他被感動,想幫助他人。《聖經》記載,耶穌出來傳道後,吸引許多人跟隨,祂選召了十二個門徒,用三年多時間訓練,透過十二個門徒向外傳道,如今全世界都有

耶穌的信徒，耶穌感染力可見一斑。

培養門徒，信念很重要，羅馬教會能維持這麼久，也是某種堅持與信念。假設企業組織內有 200 人認同核心價值，且被價值感動，這些人就成為「門徒」，進而向外傳遞企業的理念。

一般而言，領導者在草創時期大都有具體想法，透過這些想法，集合志同道合的團隊，建立企業核心價值。營運一陣子後，為避免核心價值變成領導階層的獨裁思想，或核心價值流於形式，核心理念必須傳達給中階幹部及基層員工，透過從上而下轉變為由下而上的循環過程，才能確實將企業核心價值、理念變為企業 DNA 的一部分。

Facebook、Google 都是領導者先有理念，再由幹部、員工接手執行，這樣才會讓企業持久，如果僅是領導者堅持己見，就會變成英文所說的 cult，也就是激進、暴力的組織，應該建立的是 belief、value，讓幹部、員工認同公司的理念、核心價值。

企業核心價值的建立要經過一連串修正，才能找到企業營運的正確方向，但不論是企業創辦人或後續接班的專業經理人，均必須以身作則，對內、對外讓人信任。企業核心價值的傳遞不僅藉由產品和服務做為媒介，同時也要能夠感動顧客，讓顧客願意協助傳播訊息，如此才有機會傳遞企業的核心理念。

　　不僅如此，企業組織要培養具有相同價值觀的人才，延續企業的核心價值。如果是三天兩頭換工作、穩定性不足的人，較難從中評估。個人也是如此，如果一直換工作，如何了解自我定位及價值？

　　有些私人企業會透過懲處等方式，確保企業核心價值的一致性，但不是每個組織都能確實反應。以國營事業或公家機關為例，穩定的工作環境與上下班時間，加上薪酬、人事調度彈性相對較小，績效要求也不如一般民營企業嚴謹，導致外界認為公家單位在工作態度較為鬆散，因此，確保核心價值就變得非常重要。沒有明顯的績效或報酬獎勵，如何維持員工的熱誠與投入單位的核心價值。建立員工的感動機制，可能就是公務單位最重要的工作。

改變企業文化，激勵員工

　　企業組織該如何激勵員工？首先，經營者心態相當重要，必須力圖改變企業文化。縱然制度面的改革相當困難，但適度讓內部產生競爭將會有所幫助；可藉由外部專業經理人的引入，或是透過內部優秀人才的提拔，組成新的核心團隊，進而塑造新的競爭文化。

　　另外，企業內部必須積極透過績效考核的方式晉用人事，讓對業績有所貢獻的新銳菁英能夠獲得相對應的報酬，包括獎金、升遷等，且針對表現不佳的員工予以相對的懲

處，而不是僅仰賴年資來運作獎酬與賞罰制度，如此才能加速企業的新陳代謝，並使旗下員工能夠理解到內部變革的開始。

在台灣已有五十多年歷史的台泥集團，足以做為其他國營企業或公家機關的借鏡，台泥自2003年推動組織變革，截至目前已有不錯的成效。一開始首重組織紀律，藉此改變內部慣例及員工做事態度；為獎勵執行力高的員工，考績評等也有所調整，表現優異者可較以往拿到倍數的獎金，讓付出多的人得到實質的獎勵。

調整過程中，領導階層必須尋找組織內有抱負、期待大展身手的人才，如此組成的團隊將是推動組織活化的原動力。快速建立新的紀律文化，也可激勵士氣，引領其他員工重拾對工作的成就感與期待。

主管的決心

不可否認，在變革過程中，勢必出現反彈聲浪，這是推動新陳代謝的必經之路，此時，如果高階主管願意堅持、承擔風險，持續領導團隊推動改革，效益將會日益顯現，也就是說，以上都必須藉由主管親自運籌帷幄，展現親力親為，才能有效建立企業紀律，激勵員工，強化員工對於工作的使命感。

回頭看看百年歷史的長青企業，跨國零售企業沃爾瑪，

其核心價值是「服務顧客」，以經濟實惠的價格提供消費者
想要的產品，給予多樣化的選擇，滿足消費者的生活需求；
迪士尼的核心價值是「創造力、夢想與想像力，為千萬人製
造快樂」；惠普 HP 的核心價值是「誠信、尊重與關心人的價
值」，而國際牌 Panasonic 是為了「社會生活的改善與提升，
以貢獻世界文化生活的進步」。

　　這些卓越企業核心價值的出發點，都著重在帶給消費者便
利、歡樂的生活。企業如果想要長長久久，必須以永續經營
的理念經營組織。

　　過去中華電信雖是個類公家組織的企業，但中華電信向
來以「追求品質」為核心價值。品質永遠有改善的空間，因
此，中華電信也不斷改善各種服務品質，務求帶給用戶更方
便的生活。另外，為了建立好的服務品質，產品技術也要時
常更新，其中必須仰賴員工的力量，而這正是中華電信的另
一項核心價值「重視員工的福利、權益」，提供安定的工作
條件和環境，才能留住好人才，為產品、品質、客戶、服務
做更多努力。

「感動」是經營者與員工共享的經驗

　　領導者重視的文化，能否變成公司的文化或基層個人生活
價值，是未來永續經營的關鍵。以台塑集團為例，創辦人王
永慶認為，化工業必須重視細節，因為一個小環節就會造成

爆炸，繁複的定期檢查有其必要性。

　　然而，王永慶對細節的重視，是否有轉化為公司文化，除了老闆重視之外，其餘領導階層、中階幹部、基層員工是否也一樣重視？如果沒有，整個公司的運作容易出問題；那麼要如何做才能喚起員工的重視？

　　關鍵還是「感動」。所謂感動不須痛哭流涕，而是發自內心認同、肯定。**感動的第一要務是「成就感」**，例如因為重視細節而避免一次大火災，員工就會覺得認真工作有意義、有成就感，慢慢建立榮譽感，持續分享理念。

　　要感動別人，先要感動自己，如果都無法感動自己，別人如何體會那些價值呢？我一直告訴自己，這輩子一定要做些感動自己的事情，這樣人生才沒有白活。人不是只為金錢或生活而工作，我們是為某些價值信念而工作，企業也是如此。而那些令人感動的事，就是我們核心價值的實踐。

價值讓你的生命發光，讓自我與企業永續

　　人的一生短短數十年，中間難免感到灰心喪志，失去意義。但是如果生命中有價值的貫徹，生命就會變得充滿意義。就像《織工馬南傳》所說，當你找到屬於你自己的價值，你的生命就會充滿熱忱。而一個人的價值，就在於他是否能體會生命中的美：工作中的成就是一種美，生活的樂趣也是一種美。只要處處留意細節，就能串連許許多多的美，

生命便變得豐富精彩。

這本小說還提到，當一個人對社會或過去的記憶漸漸消失，其對現在也是無法掌握的：...the past becomes dreamy because its symbols have all vanished, and the present too is dreamy because it is linked with no memories（過去變成有如夢般，因為所有的象徵都消失了，現在也有如夢般，因為連接不到任何記憶）。

當過去一切有價值的象徵沒有了，我們所信仰的價值消失了，過去就不再具體；而現在也因為找不到過去的記憶，成為沒有實體的存在。這段話說明了人類歷史的延續性，也說明了人類建立價值信念的重要性。價值信念的重要，必須要從個人與生活的經驗去體會。從現在開始，不管是個人或企業，必須不斷去肯定所建立的價值信念，這樣才能延續這些成功的記憶，也才能維持個人與企業的永續性！

CHAPTER 13

改變與成長

成長與改變其實是一體兩面，
然而改變未必代表成長，
移動也未必是向前行。

Opposition is true Friendship.

Without Contraries is no progression. Attraction and

Repulsion,

Reason and Energy, Love and Hate, are necessary to

Human existence.

From these contraries spring what the religious call

Good & Evil.

Good is the passive that obeys Reason. Evil is the

active springing

from Energy. Good is Heaven. Evil is Hell.

   ——William Blake, *Marriage of Heaven and Hell*

對立是真正的友誼

沒有對立就沒有進步／吸引力和互斥力／

理性和激情／愛與恨／都是人類存在的必要元素／

從這些互斥中／產生宗教所謂的善與惡／

善是被動遵循理性／惡是主動

從激情中散發／善是屬於天堂的／惡是屬於地獄的

     ——布雷克，《天堂與地獄的結合》

  十九世紀開始，西方文化認為所有東西都處於改變狀態，「唯一不變的就是變」，從二元對立的改變往前走。布

雷克（William Blake）在《天堂與地獄的結合》（*The Marriage of Heaven and Hell*）中以《聖經》最後一章〈啟示錄〉的概念，強調要破除舊思想，達到成長。

布雷克提到，傳統觀念將肉體視為「惡」，靈魂才是「善」，但這已是舊觀念，肉體和靈魂應該互相搭配；之所以限制肉體，是因為心靈能量不足，如果一直壓抑肉體，靈魂反而無法成長。真正的善是欲望與節制等「地獄」與「天堂」元素的結合，是「正」、「反」兩面衝突後朝向「合」的境界。

任何成長都是兩個對立衝突後產生，這也是十九世紀唯心論哲學代表人物黑格爾所說「正、反、合」的基本理念，正反合循環不息，歷史因而前進，就像《三國演義》「天下分久必合，合久必分」的道理；有對立是好的，有對立才有往前的動力。

然而，正反二元對立的改變，一定能導向成長嗎？其實也未必，本章將討論「改變」與「成長」在企業發展過程中所扮演的角色。

這幾年，「改變」堪稱是流行詞彙，歐巴馬高喊改變的口號，深得人心，讓他贏得總統大選，成為美國第一位黑人總統；台北市長柯文哲也標榜打破藍綠，改變現況，試圖創造新局。許多企業、組織也把改變視為向上成長的過程，深信改變能帶來不一樣的力量。

改變＝成長？

然而，**改變未必等於成長，移動也未必是向前行。**

社會上充斥著改變、改革的概念，例如教育改革、績效改革，都是大家耳熟能詳的詞彙，但改革一定是好的嗎？看看教育改革的結果，過度強調績效，導致教授成為論文機器，這絕不是好的改革。

遺憾的是，改革、改變這兩個概念已經幾近神化，有時候只是「為了改變而改變」，結果可能更糟。事實上，改革與改變應該是中性的詞彙，可以帶向好的結局，也可能導向壞的結果，改變只是過程，成長才是最終目標。

究竟如何改變才能導向成長？

有衝突才能刺激成長。布雷克以彌爾頓的《失樂園》為例，書裡描寫魔鬼的段落，堪稱才華洋溢，但描寫上帝的文句就相當無趣；布雷克認為，上帝也需要魔鬼，因為魔鬼是激勵向前走的力量。壓抑魔鬼是不對的，不同的意見其實帶來成長的可能，就像連續劇裡壞人使壞都是重頭戲，壞人完了，戲就結束了。

布雷克又說，好的應該要留下來，同時搭配不同想法才能往前成長，不論上帝、魔鬼都應該同時存在，如果只留下魔鬼或上帝，那就是獨裁，因此改變過程中「**讓魔鬼發聲**」，是很重要的。

另外，好的改變背後一定要有成長的邏輯。很多領導者都是隨機式改變，例如辦公室擺設、衣著等規定，如果改變沒有合理的脈絡可循，很難說服員工，然而，如果改變是為了成長，就有可能強而有力地持續下去。

身為領導者勢必承擔改變的風險，未必要全盤否定舊的作法，如何維持好的舊傳統，但是又與新的作法不發生衝突，這都必須細細考量。

看到這裡，或許有人說，那麼我不要隨便提倡改變，然而，現實狀況是，你不動，別人也會動。

過去在 EMBA 上課時，常跟一些中高階經理人分享新穎的財務時事與商業模式。台下認真聽講與熱烈的回饋，深受感動，這些經理人都是利用工作之餘的時間進修，事業、課業，蠟燭兩頭燒，有些人甚至還要兼顧家庭，他們學習的目的是什麼？其中一位學生有感而發說：「老師，職場競爭很激烈，什麼時候被取代的都不知道。」這讓我聯想到著名的紅皇后理論。

童話《愛麗絲夢遊仙境》裡，愛麗絲跟著紅皇后在森林裡奔跑，跑了很久才發現她根本沒有移動，紅皇后告訴愛麗絲，如果真的想到達目的地，必須要比現在跑得快一倍才行。從紅皇后理論到 EMBA 中高階經理人上課時的努力，足以證明成長無分年齡，無論老少，個人與企業都必須無時無刻與時俱進。

企業是個有機體，必須成長

　　就企業發展而言，企業就像一個生命有機體。隨著經營時間的拉長，核心事業順利營運，勢必會面臨發展成熟，無法持續進步的情況。此時，企業就必須追求成長。縱使一個優秀企業長時間維持高品質的營運，但當其他競爭對手持續追求突破，如果經營者未能思考「成長」這個課題，極可能被後起之秀擊敗。

　　知名語言學習雜誌《空中英語教室》連續十幾年獲獎且獨占此語言學習的龍頭，然而這幾年來，很多語言學習雜誌漸漸趕上，這不代表它不好，而是別人成長了。例如，另一本雜誌從文化角度學習語言，不像傳統語言學習雜誌只從單字練習學習語言，既保留舊優點，也激發新優點，終獲讀者肯定。有時候別人勝出不代表自己差，只是別人成長速度更快，因此，企業一定要追求成長，而成長一定伴隨著改變。

　　一位畫廊館長談到繪畫發展，她認為歐洲在文藝復興之前是黑暗時期，在宗教控制下變成一元論，後來文藝復興產生許多火花，整個發展過程都呈現對立，善惡、美醜、印象派、野獸派都互相對立衝突，產生了多元的繪畫藝術。

　　從哲學角度來看，對立衝突可促進成長，從企業立場來看也是如此。企業為何追求成長？這其實比較像是一種手段而已，因為經營企業必須先自問「消費市場是否還有未滿足的需求」，找到需求後才追求成長，待某個階段才開始追求經

營管理的成長。

改變與成長的時機：沒有魔鬼的聲音

　　何時是推動成長策略的最佳時機？回到布雷克所說，「讓魔鬼發聲很重要」，試著觀察一下，如果開會時都沒有其他聲音，毫無異議，團隊裡沒有魔鬼，當心團隊可能會開始走下坡。其次，如果發現工作越來越少，代表公司欠缺新刺激，發展停滯不前。

　　身為領導者，有責任發掘成長、改變的機會與時間點，特別是市場趨勢與企業經營方向出現差異，產品、服務甚至品牌價值無法滿足需求時，經營管理階層必須引領企業，以市場需求為出發點重新思考，調整經營策略與營運方針。

　　另一種思考方向是，當業界都投入資源發展時，正是改變的契機，也就是所謂的藍海策略*。不過，這不代表要放棄原有的優勢。賈伯斯運用舊技術加以調整，更重要是調整心態，例如將光學儀器使用的高階玻璃運用在手機，並且降低

藍海策略

有別於壓低成本、搶市占率的紅海策略，藍海策略認為應開發新市場，創造獨特價值。

成本，他轉了一條路，而不是繼續跟人家拚高階的產品。

有時候技術和成本也要達到平衡。例如幾十年前的技術早已可以落實，但基於成本等考量，消費者不買單，此時就不適合改變。換句話說，**除了公司內部的改革，成長也必須搭配外部環境的轉變**。

成長與改變其實是一體兩面。如果團隊經營管理得好，就會有好的成長。成長以後必須伴隨改變，而轉變有個演化過程，例如企業結構、市場定義，過程中要花很多人事成本、研發費用來測試市場。成長到改變的布局就相當重要，好的領導者和經營團隊都要抓好時機，才能成功。

成長的多元可能性與策略

在核心事業發展日益成熟的情況下，企業領導者必須思考拓展第二核心事業的可行性。

簡單來說，經營的規模擴大、利潤或市場占有率的增加等，均可供企業簡單評估是否有成長。成長方式也十分多元，企業可以透過併購、策略聯盟或是特許經營＊等方式快速成長，也可以聘請顧問團隊協助擬定成長策略，達到有機成長的目的。

實務上可行的成長策略有哪些？例如拓展原有市場、採取國際化策略，產業內成長如：水平與垂直整合、產業外成長如：跨足新領域、發展第二核心事業。

　　隨著企業成長的腳步一步步踏出，營運結構及管理制度也必須隨之演進，企業領導者、高階主管、中階幹部，甚至是基層員工，不論是心態或視野，也都要有所改變。

　　實務經驗是，大企業裡的改變和成長緩慢，也很難推動，像是恐龍轉身一樣困難。成長與改變過程中容易遭遇內部的質疑，尤其是成長與改變可能造成短時間的成本增加，或是無法快速看到成果，都會讓員工惶恐不安。

　　因此，領導者必須循序漸進、逐步調整，帶領企業或整個團隊進行變革，確實評估與分析，甚至融入整個改革的流程，才能夠讓全體員工目標一致，攜手變革。許多百年企業都是將成長策略融入體制，為了讓成長的理念成為企業永續經營的基石，才選擇透過改變調整、適應，這也是企業內部成員必須體認的共同理念。

　　更重要的是，領導者要有很強的改變根據，像賈伯斯的雲端概念有一定的邏輯思維，**領導者必須以理性基礎說服內部**

特許經營

是一種商業經營模式（加盟），透過總部的指導，使個別經營者可以迅速取得經營知識，減少摸索時間，企業也可藉此快速擴張經營版圖。

員工以及消費者，展現領導才能，將理念深植公司，才有成功的可能。

態度決定一切

面對成長，企業的態度通常分為兩種：「敢」或「不敢」。

「敢」的企業通常充滿衝勁與勇氣，十足的風險愛好者，1995 年網際網路開始萌芽，Amazon 看準網路提供方便且舒適的購物環境，搶先各大實體書店，成為網路書店的領導者，這除了象徵 Amazon 的洞燭先機，更說明了他們慎謀能斷、願意賭一把的勇氣。

敢衝的企業除了要有衝勁，還要有能夠承擔與管理風險的韌性，畢竟，高報酬相對而來的是高度風險，過度追求成長，也可能傷害自己。管理學上有普克定律（Packard's Law），是指當企業的成長速度超過人才培養的速度，則無法成為一家卓越的公司；企業追求成長固然是好事，但必須配合內部的人才與資源規畫，裡外相應才能真正與時俱進。

企業另外一個態度就是恐懼與不安全感，因而不願追求企業成長，害怕辛苦建立的大好江山就此毀於一旦，致使很多企業主完全不想改變。官僚主義是這類大企業的通病，普遍也會缺乏效率。不願走出舒適圈，可能就是企業不敢面對改變的保守心態。

　　IBM 過去雖然壟斷大型主機市場，但是卻因為沒有預測
到個人電腦的快速成長，同時受其龐大的官僚體制所影響，
一度危在旦夕，直到 1994 年，葛斯納空降擔任執行長，大幅
改造組織結構，轉換了策略方向，甚至最後連企業文化也全
面更改，才化解危機。

　　慘痛的失敗經驗，讓 IBM 至今仍秉持持續轉型的經營概
念，即使現在的表現比過去輝煌時期更為亮眼，仍然致力於
改變。為了因應扁平化的世界，近幾年再度大幅改變，轉型
為全球的智慧型企業，妥善且有效率的安排全球資源；這樣
的經營態度深植企業文化，讓這個跨國的大企業能召集全體
員工共同致力改變，最後也讓 IBM 這隻曾經搖搖欲墜的垂死
大象，能夠重新站上世界的舞台輕盈起舞。

成長的風險

　　企業成長確實會讓企業再升級，但「多角化經營」*是企

多角化經營

指一企業不以經營單一產品或產業為目的，其產品間的相
互關聯性不高，且各自位於不同產業，所面對的競爭環境
也不盡相同。

業追求成長的有效策略嗎？事實上，這是企業常見的迷思，成長背後的風險就是「亂成長」，還沒準備好就多角化過頭了。

成長有管理上的風險和財務上的風險，缺乏邏輯性與架構性的多角化，只會耗費企業資源、提升經營風險，並不會引領企業成功拓展新領域，因此，現在比較不鼓勵多角化，而是在**自己的範圍內追求極致，才開始轉投資與本業相關的東西**。

美國的百年公司如奇異、可口可樂，都致力轉投資到其他產業，他們為什麼會這樣轉投資？因為公司本業的成長已經到極限，既有資源也足夠轉變。

資本主義社會中，企業如果不成長，很容易遭到淘汰，就像軍隊不打仗就會退化。然而，追求成長應該要有更廣的視野、更深的態度，不能只追求營收，還要追求每個人的成長，每個階段也要自問：滿足消費者多少，公司的技術能力有沒有辦法轉化到下一個階段，找到另一個核心主業。

個人的改變與成長

最後來談談個人成長。周杰倫在流行音樂的創作能量眾人皆知，而作詞人方文山擅長將中國古代詩詞運用於歌詞，兩人各有所長，結合在一起就是一種成長。趨勢專家大前研一也有轉變，他以前分析國家政策，現在談個人經濟，從宏觀

世界逐漸縮小。

職場上，個人應該何時改變？答案很簡單，如果已經認知到「改變是成長過程的一部分」，就該是改變的時候了。個人成長一定經歷一些空虛、不滿，這樣才會追求更多，尋找自我的成就感。

當然，很多人面臨成長關卡時，同時夾雜外界期待，如果志不在此，更是倍感壓力，視為瓶頸，有些人甚至會因為壓力產生成長的錯覺。其實，職場生涯的過程中，勢必有人不時「搔癢」，希望你往上爬，如果時機未到，該怎麼辦？

首先得接受，自己可能暫時不成長，但這不代表接下來就會停止成長。

然而，實務上更多例子是，個人希望成長卻遇到瓶頸，不論是增加報酬或職位晉升，卡在瓶頸就容易萌生離開的念頭；雖然每個人個性不同，但內心的衝擊都一樣。個人成長很重要，瓶頸一定會有，重點是如何調適。

答案還是一樣：**自己要先接受「沒成長是一種常態」**，成長之前勢必有段沉澱期，重要的是，有競爭力者不可能永遠停留於沉澱期，應該思考的是如何在沉澱期提升自我。說實話，職場想要爬到更高的職位，除了自身實力，也需要運氣、人脈，有時候不是付出努力就能得到想要的成果，成長遇到瓶頸，就要轉念：「台灣不會只有一個周杰倫，只是沒人注意到而已。」

職場上遇到瓶頸，就像玩電動遊戲卡關，可以另闢新徑或藉由寶物加強實力，同樣的，職場成長遇到瓶頸，有人選擇換工作，尋找新刺激或更適合發揮所長的地方；有人注重家庭，索性把注意力轉移到家庭，享受生活；也有人專心研究技術，增進專業技能，加強跨部門的經驗。

如何判斷個人成長？

一般提到職場上個人的成長，可能是薪水增加或是職位晉升，其實，職場生涯追求的不只是量化的成長，更重要的是實質成長。**好的成長應該是增加實力，包括心態和精神面的提升，而不是只靠薪水、位階來判斷有沒有成長**。是否能在不同領域中找到發展或是成就，也是成長的指標。很多好萊塢明星如克林伊威斯特、喬治克隆尼等人，在獲得演技肯定後，轉向導演工作，也獲得掌聲，皆能展現自我成長的動能。

記得，跟企業成長一樣，準備好了，才去改變，才進入成長的過程，有些人尚未看清自己的實力，就貿然成長，最後一事無成。台灣一些影歌星，以本身累積的財富轉投資其他事業，本身對事業不熟，最後經常落得血本無歸。

企業經營者必須保持開放的心態，不應該故步自封，只在意守成，則組織無法成長。美國管理學者彼得・聖吉提出的學習型組織概念，就是期望在組織中產生成長的動力。經營

者應該將組織打造成學習型組織，讓學習的氛圍無時無刻圍繞在企業之中，帶動組織的生命力與競爭力，使企業內部持續保有學習成長的動能。

除了學習的概念，創新想法更是不可或缺。管理大師彼得・杜拉克（Peter Drucker）曾說：「不創新，就等著滅亡（Innovation or die）。」回頭看看任何時期的偉大發明，無論是蒸汽機、電燈或是電腦、網路、智慧型手機、機器人，都是不同領域的創新代表，也同時創立一個全新紀元，更為當時的人們創造許多價值。

（聯經出版）

「創新」代表創造新的價值，企業想要無時無刻領先群雄，就必須讓創新與學習的元素注入企業，為顧客建立起其他競爭者難以取代的服務，才算真正勇於成長與轉變的企業。依照浪漫詩人布雷克的看法，連上帝都在成長，都能容忍魔鬼的存在，那我們還等什麼？

CHAPTER 14

通往願景的路

願景來自內心的想像。

有了對未來美好的想像之後,應該回到現實,

規畫出階段性目標,願景才能具體落實。

And I know that This World Is a World of
Imagination & Vision.

——William Blake,
"Two Letters on Sight and Vision, To Dr. John Trusler"

我所知道的，這個世界是個想像與靈視的世界。

——布雷克，致 Dr. John Trusler 的書信

　　十九世紀初期的英國詩人布雷克是一名唯心論者，認為他所看到的世界建構在想像的空間上，五官所見的實體世界也是心靈世界的投射。這種以心及想像建構的外在，充滿前景的想像。

　　所謂願景（vision），就從這種想像的能量出發。vision 是從「心」出發，透過內心所看見的視野，滿懷理想，也建構各種不同未來的可行性。很多人談到願景，講的都是客觀條件，卻忘了**願景來自內心**。浪漫詩人強調，只要從心出發，朝著心中所見的視野前進，便能在任何時刻創造屬於自己的「時代」。

　　Vision 首重想像力，也就是對未來的想像。

　　近年來，台灣運動員在國際體壇屢受矚目，旅美投手王建民與郭泓志、高球女將曾雅妮、超馬悍將林義傑、網球好手盧彥勳等人，都是經過多年努力，終能打出一片天地。他

們的成功並非偶然，必是懷有抱負和熱忱，建構自己未來的想像，為自己的運動生涯訂下願景，然後逐步完成階段性目標，持續邁向所設定的心中想像。而近年來，他們的挫敗，是否也代表之前的熱忱與想像，而成功之後，漸漸流失了？

願景帶來正向力量

這些成功案例提醒我們，不論是學生時代或進入職場，擁有願景都相當重要。個人願景反映一個人的價值及方向，建立願景也能帶來正向力量，例如著手規畫相關目標，不論是加強個人能力或借重外在資源，生活都能專注於實現個人理想及抱負。

美國歷史上最具願景想像的，除了林肯之外，就推金恩博士（Martin Luther King）在 1963 年所發表的〈我有個夢〉（I Have a Dream）。這篇充滿心靈聲音與願景想像的演說，可說影響美國自70年代以來的民權運動：

> Let us not wallow in the valley of despair, I say to you today, my friends. And so even though we face the difficulties of today and tomorrow, I still have a dream. It is a dream deeply rooted in the American dream. I have a dream that one day this nation will rise up and live out the true meaning of its creed: "We hold these truths to

be self-evident, that all men are created equal." I have a dream that one day on the red hills of Georgia, the sons of former slaves and the sons of former slave owners will be able to sit down together at the table of brotherhood.

　　我們別陷在絕望的山谷中，我今天跟眾多朋友說——即使我們面對今日與未來的困難，我仍然有個夢想，這夢想深植於我們的美國夢。我有個夢想，有一天，這個國家會站起來，徹底執行我們理念所展現的真正意義：「我們相信，這些真理非常清楚，所有的人生來平等。」我有個夢想，有一天在喬治亞州的紅山丘，前奴隸的兒子跟奴隸主的兒子能夠一起坐在友誼桌前。

　　在美國 60、70 年代，黑人與白人間的衝突與矛盾，仍然非常嚴峻。然而從內心出發，金恩博士看到一個和諧、祥和的美國社會，他訴諸人性與宗教的心靈力量，提到「我有個夢想」，這個夢想就是他的願景。

　　現實世界中，許多人很難想像到未來願景。英國作家艾略特在經典作品《米德鎮的春天》（*Middle March*）中讓女主角說道：「眼睛裡的汙點，讓我們以為全世界都被遮住。」

　　沒錯，想像願景時，我們常會受到眼前的一些雜質所蒙蔽：想到家裡沒錢，無法上大學；想到自己還有學貸，不可

能出國；想到自己薪水不高，永遠買不起房子。眼前的困境常讓人以為，現時現刻就是永遠。被現實所困，我們經常放棄挖掘自己的潛能，也無法計畫未來，難有發展。

願景是一股驅力

但是，不要害怕，擁有願景像是一股驅力，一股驅使人向前的力量。鄭姓同學是家中獨子，年邁父母都希望他早點畢業，早點賺錢。他雖然念台大電機系，但困於沒有金錢支援，無法繼續進修。一直想要出國的他，一方面在補習班教書賺錢，一方面仍然規畫未來進修之路。之後，找到美國一所州立大學教育系願意提供獎學金給他，於是他安頓好父母，隻身到美國攻讀教育專業。畢業時，美國 AT&T 公司搶著要他。為什麼？過去懂電機的人不願意讀教育，而懂教育的不會電機，他具有理工科背景，又有教育專業，剛好搭上跨領域的潮流，一畢業就進入美國國家航空暨太空總署，擔任教育訓練工作。

試想，即使是現在，也很少有人選擇這樣的跨領域路線。十幾年前，一個台大電機的高材生為何敢做出這樣的選擇？不是繼續選擇電機，而是走入給他機會的教育專業？重點在如何打破常規，不受限於現在的環境，這位鄭姓同學才能創造新的路線與新的未來。

如何建構個人願景？

建構願景沒有想像中困難，未來看似遙不可及，其實可以**透過短程、中程、長程等分階段目標，逐步完成**。另一個關鍵的心理建設是，「沒有大破，難以大立」，許多詩人、藝術家一致認為，破壞（disruption）也是很重要的概念，《聖經·啟示錄》說，破除既有成規才能創造世界。

走出舊有的框架

我常光顧台北市中山區一家日本料理店，店內不論食材或口味都相當道地，我也與老闆成了無話不談的好友。原來老闆本來是五星級飯店主廚，但為了更貼近喜歡日本料理的消費者，他放棄主廚光環，走出廚房，直接了解顧客的喜好，妥善運用日本當地食材，搭配台灣當地新鮮食材，端出一道道美味佳餚。

儘管擁有五星級飯店主廚的光環，但老闆心中描繪的願景是「讓消費者吃到想吃的料理」，他也真的鼓起勇氣走出飯店，從此做自己的主人，為客戶服務，最終打造出一家座無虛席的日本料理店。

評估自己現況與能力

另一個必要的心理建設是，既然願景奠基於對未來的想

像，勢必是超越現有的能力，因此，如果想要願景成真，務必評估現況與願景的差異；試著以比例計算，如果願景超過現況能力的一半以上，無異是空想；少於 25% 則過於保守；一半願景、一半現況最好。

當然，願景成真前，時間或環境的變化可能會使人遭受挫敗，失去信心，此時重新思考願景的價值便非常重要：是否過度好高騖遠？抑或是單純的不順遂？個人能力是否仍須加強？透過每一階段重新審視自己，不僅是達成願景的必經之路，也是個人成長的重要時刻。

願景絕對不是空想，而是必須先了解自己，審慎思考個人抱負及評估個人能力，規畫出階段性目標。失敗並不可怕，因為這正是重新審視自己與願景的機會，記取從中學到的經驗，唯有在一次次不順遂中，才能找到個人真實的價值，進而完成願景。

如何建構企業願景？

相較於個人願景，企業願景的深度與廣度皆更高。企業願景反映的是企業的核心價值與未來展望；其中，核心價值代表企業經營的核心理念，說明企業商業模式與營運架構的根本，未來展望則象徵企業長期的營運方針，指引企業理想的發展方向，通常蘊含企業的遠大目標。

一般來說，初期企業願景大多是以創辦人的個人理念與抱

負為基礎，進而吸引志同道合的人才形成經營團隊，後期隨著企業經營步入正軌，願景便會隨著企業營運規模與經營者的視野擴大，而逐漸拓展。

願景是一種共識

願景不是領導者天馬行空的想法，而是要**在內部形成共識**，讓團隊後續執行，也要考量支援、公司能力、戰力能否達成願景，也要問願景是否能滿足市場上尚未滿足的需求。

現今產業結構下，大約每三年就有大的變化，大環境改變時，發展策略也要因應。當然，願景是長期計畫，比較不會受到改變。我認為，願景可以談個五到十年，短期一年、中期三年，長期五至十年，中長期就是戰略，包括如何做到、資源配置、組織調整、汰舊換新、提升自我、如何結合短中長期規畫，還有權變計畫也很重要。

現代企業的願景不是達成多少營收，而應與供應商、消費者、股東，甚至是整體社會利益結合。發展好的產品與服務，成為永續經營的企業。舉例來說，日本電信公司 NTT DOCOMO 過去十年訂下的企業願景：挑戰自己，成為電信先行者，透過多樣化的服務創造新的傳播通訊文化，未來十年的企業願景為：「追求智慧型創新：HEART」，提供民眾隨時隨地通訊連結的樂趣、及時援助與安全舒適的日常通訊生活。

　　IBM 在 2009 年發表企業願景「智慧地球」（smarter planet），希望在資源有限的情況下，協助企業、組織及個人以更有智慧的方式生活。HP 於 2010 年提出「瞬應型企業」*，將科技融入所有工作與生活，提出全新的整合式方案，以成功打造專屬的瞬應型企業。3M 公司的企業願景是成為「最具創意的企業」，創新不僅應用於產品，更落實在環境、社會及企業經營，同時成為客戶最信賴的供應商。

落實願景，不以利潤為單一目標

　　然而，企業願景不是單純的宣傳口號，一般來說，企業願景大多具有前瞻性目標或開創性計畫。然而，就像個人願景，企業願景必須是以消費者、市場甚至社會需求為基礎，並且能夠轉化為產品、服務或品牌價值的具體行動方案，進而形成企業的核心競爭優勢，成為維繫未來企業生存與永續競爭力的關鍵。

瞬應型企業（Instant-On Enterprise）
具備彈性、自動化且回應敏捷，能夠迅速、持續地自我成長，將科技融入企業各環節中，提供客戶優質且符合期待的服務。

由於工作需要，我們時常拜訪公司行號，尋找合適的投資標的，其中有一家以美妝網站為主的公司，近年來在台灣紮下深厚的根基，並已逐步踏入中國市場。在營運初期，這家公司的執行長從建立美妝討論互動社群，發展出 3 至 4 萬人的美妝產品市調大隊，進一步以美妝內容為重點，發展雜誌與電視等媒體，讓美妝資訊以更多元的方式呈現。

這家公司建立美妝討論網站，主要希望讓消費者有個平台能夠反映產品的使用心得，廠商也能藉由討論，推出獲得消費者青睞的產品，這正是該家公司所建構的願景。讓消費者買到好用的產品，同時也為台灣發展美妝產品的中小企業製造機會。藉由網友的評價增加產品能見度，同時進一步提升通路商的銷售業績。藉由這樣的商業模式創造自身網站收益，廠商、顧客、通路商皆能達成自身希望獲得的效益。

克服盲點，落實願景想像

特別提醒的是，企業都會有盲點。願景的建立除了在想像與實力間衡量，最好要有**外部力量**；外部力量不一定要同行，也可以是異業，例如，電信業可以找銀行、管理或水泥業合作，**不同領域一起腦力激盪**。

現在有人建議法鼓山要成為小中研院，這個提議有點天馬行空，而我建構的願景比較簡單，就是成為美國四年制的衛斯理學院，走迷你的精緻教育，因為他們並不缺錢，最重要

的反而是定位及學院的價值。引進外來的思維或腦力，可能才是突破的重要契機。

外來的願景讓公司得以突破，但可能不切實際，可能接近幻想，甚至是空想，那該如何轉變為能夠實現的願景？此時領導者的評估、判斷就很重要。

芬蘭手機製造廠商 Nokia 原本是一家木材工廠，但早先一步發現行動裝置具發展性，一度領先市場，成為手機市場的龍頭。2000 年時，Nokia 研判，未來有兩個發展趨勢，一個趨勢是技術，另一個趨勢是觸控式手機或智慧型手機的概念，然而，考量觸控式面板成本過高，沒有市場，加上技術上沒有架構，最後沒有轉投資，而是持續發展既有手機。

對 Nokia 而言，這無異是個關鍵性的決定，隨著觸控面板的成熟、蘋果電腦大力投資以及市場的重視，Nokia 的創新程度相對不足，導致該品牌慢慢被同行蠶食。Nokia 的例子成為企管界的經典教材，現在回頭看，大家都會懷疑，當初的領導者是否忽略了未來的願景；事實上，他看到了，只是選擇放棄。

這說明了什麼？企業確實要有願景，但內部有足夠實力嗎？企業願景是否能融入產品？如何產出一個作品，市場一看就知道出自何處？產品是否能提升到商業模式？空想未來卻沒有實力配合，原地打轉，恐怕很難突破現有發展。想談願景，還要周邊條件、領導能力等配合。

亞歷山大大帝堪稱是古代最偉大的軍事指揮官之一，最
大的成就是促使中東地區希臘化。他的父親菲力大帝曾對他
說，享受榮耀之前要先面對磨難，而榮耀隨時都會被毀滅。
對應企業的例子，**即使建構了願景，也要常常檢驗，否則優
勢也會變成障礙。**

想像力促成改變，想像力建構願景

值得注意的是，願景和技術發展不同。市場需求會改
變，領導者不應該只追求技術的發展，而忽略市場變動；技
術發展是可以推測的，但是市場的需求變動，就必須靠想像
力來激盪。

然而，不要忘了，想像力雖然重要，但理想和幻想是有差
別，可以實踐的步驟才叫理想，否則就是空想。理想是建立
在自身能力上，要不然就只能是幻想。以企業來說，理想不
只建立在技術層面，還要考量顧客的需求。一定要思考顧客
的需求，而不只是考量企業有什麼產品。簡單來說，企業的
願景應該兼顧需求、理想、現實及可行面。

前面舉了很多例子說明大型企業的願景，中小企業的願景
有何不同？對中小企業而言，領導人本身的特質就是願景，
從創業開始，一步步規畫，也許願景的內涵、定義和大型企
業不同，但不論企業規模大小，都應該要規畫願景。

「沒有願景的企業都不會成功」，即使只是開美而美早餐

店,老闆心中都應該要有願景,不論是開分店或做乾淨的早餐,心中有願景才會訂出策略。一般中小企業的願景也許不是很正式的規畫,也許只是簡單的想像,但時常放在心中,就是一種策略規畫。

從現實出發,讓願景不再是夢

相信每個人的心中,都對自我成長及未來有許多不同的藍圖。有人期望在 35 歲前達成自我要求,有人期望事業能夠擴大版圖,有人期望建立歷久不敗的企業王國,這些期望其實都是不同的願景,然而願景並不僅僅是「有夢最美,希望相隨」,而必須是能夠實現的理想。

用想像力創造藍圖,這是願景的第一步。對未來有了美好的想像之後,我們要做的,便是回到現實,規畫出階段性的目標,將願景連結到現實,這個階段性計畫規畫得越明確,願景的達成率就越高。

實現階段性目標過程中,難免會遭遇失敗、經歷挫折。不過每一個挫折和失敗都是重新自我檢視的最好時機,有了挫折和失敗,我們才能發現不足,找到強化方式,進而更有能力達到下一個階段性目標。如此一個個步驟逐漸完成,曾經的願景,將不再是夢想,而是觸手可及的未來生活。

對浪漫詩人 William Blake 來說,想像的世界其實滿真實的,因為這是從心中自然湧現,進而實際去落實與體驗。

CHAPTER 15

道德與責任

每個企業體都依賴著員工而運作，

也依賴著社會大眾的消費而生存；

唯有與社會共榮共存，企業才能真正永續。

I do nothing but go about persuading you all, old and young alike, not to take thought for your persons or your properties, but and chiefly to care about the greatest improvement of the soul. I tell you that virtue is not given by money, but that from virtue comes money and every other good of man, public as well as private. This is my teaching, and if this is the doctrine which corrupts the youth, I am a mischievous person.

——Socrates

quoted by Plato, 'The Death of Socrates'

在此，我不浪費一切，而只是想要說服你們大家，不管是老年或年輕人，別僅僅考量個人或自己的財產，而必須要關心靈魂的最大成長。告訴你們，品德不是靠錢而來，但是，從品德中，可以獲得金錢回報以及所有其他人的善。這是我的教誨，如果這教誨腐蝕年輕人，這樣我可以算是個有害的人。

——蘇格拉底

希臘哲學家蘇格拉底，透過學生柏拉圖的紀錄，在臨死之前，為自己的想法與作為辯論。對他來說，人不是為財物而活，也不為自己而活，而是應該關注心靈的成長、道德與品

德的提升。這才是整個希臘精神的所在。

當今的企業是否只談利潤,只重視財富的累積?穩定的企業來自社會的支撐,企業到底對於社會有無責任?有何責任呢?討論企業的社會責任,近年來成為一門顯學,不僅是企業回饋社會的傳統想法,而是更積極做為企業永續經營的思考策略。

什麼是道德?什麼是善?

討論企業社會責任之前,我們先談談「倫理」(ethic)。

倫理分兩種,一種是每個行業的行規,另一種是社會所稱的一般道德責任,而這個「道德」,指的是人類規範出來的行為準則。

然而,企業社會責任是另一個層次,不僅是社會的道德責任或其行規而已。其中,最重要的概念是人類普世的價值:「善」(good)。善與道德不同,人心的善與道德無關,善是依照自己的良心去做事,而道德則是人類行為在社會規矩上的限制。例如,雨果(Victor Marie Hugo)《悲慘世界》(*Les Misérables*)中的尚萬強(Jean Valjean),依照其良心行善,但可能違反了社會規矩,也觸犯了法律。只有面對宗教的寬容,才能回復其善的本質。

十八世紀德國哲學家及美學大師康德在《道德底形上學之基礎》（*Groundwork of the Metaphysics of Morals*），針對「善」，提出了這樣的看法：

（聯經出版）

> A good will is good not because of what it performs or effects, nor by its aptness for attaining some proposed end, but simply by virtue of the volition; that is, it is good in itself and when considered by itself is to be esteemed much higher that all than it can bring about in pursuing any inclination, nay even in pursuing the sum total of all inclinations.

> 善之所以為善，並非它所執行或造成的影響，也不是能夠達到所要的目的，而只是由於意志本身，也就是，它本身即善，當回歸其本身，即被視為超過所追求的一切，而且超過它追求的所有意念。

因此，善其實並沒有什麼目的，它是高尚的，並非要達到什麼樣的意念或追求。從善所出發的道德就是一種社會的準則或法律，所有理性的動物，尤其是人類，都會去遵守。康

德進一步說：Morality serves us as a law only because we are rational beings, it must also hold true for all rational beings.（道德，對我們來說，成為一種法律，只是因為我們都是理性的動物，對於所有理性的生物來說，也都是對的。）

　　以善為主的道德，成為理性社會該有的準則。遵守道德，則是一種理性行為。善是內心的作為，道德則是以善為準則的理性行為。例如喜歡一個人，透過一些行為去關心對方，那是一種善的表現。但是如果對方已婚，持續關心，甚至超過理性作為，可能就會觸犯道德。

企業的社會責任，由善出發

　　企業希望盡到社會責任，遵守社會道德，看起來，原則很簡單，只要任何事業都由「善」為出發點即可。

　　然而，實務上真的這麼簡單嗎？

　　許多企業把社會責任當作行銷手法之一，例如做公益事業、慈善活動，但企業社會責任並非只是做公益或慈善活動，也不應該為了維持企業形象而履行企業社會責任。企業社會責任最基本的要求是，企業必須在商業活動中遵守法律規範，**重視企業內外部利害關係人的利益**，取之於社會、用之於社會，一切以善出發的理性行為，那才是一種企業社會責任。如果僅當成行銷手段，可能流於「偽善」的作為。看看之前一些黑心企業，捐了不少經費給學術單位或非營利組

織，也捐助獎學金，但是其詐欺與投機的企業行為，徹底暴露它的偽善。

超越公益思維或公益行銷

因此，企業的社會責任，不僅是公益思維或行銷，而是考慮利害關係人的一種作法。

注意到了嗎？企業內部利害關係人，也應該受到重視，而誰是企業的利害關係人？

赴美攻讀博士的第一個寒假，班上同學結伴出遊，由於是密蘇里到加州的長途旅行，為了節省成本，大夥決定合租大型的休旅車，沿途搭帳篷露營過夜。結果途中經過大峽谷時，因為天氣太冷，有人提議改住汽車旅館。不料，這提議引發一些不快的爭執，反對者認為，改住汽車旅館不但破壞原本的計畫，也增加旅行的成本，雙方僵持不下，最後只好付諸表決，決定後續行程。

為什麼提起這段往事？這告訴我們，在團體或組織中，**各種選擇與決策都攸關團體內部所有人的利益**，而隨著時空環境的變化，每個選擇與決策也要隨時權衡，才能規畫出比較平衡的方案。

相同的，企業所做出的營運決策都會影響到與企業有利害關係的團體或個人，也就是「利害關係人」，包括投資人、員工、銀行、供應商、顧客、社會大眾等，特別是顧客、投

資人和員工，有最直接的利害關係。因此，管理者應該優先重視顧客、投資人和員工的需求，在顧客、投資人、員工和整體企業中找到平衡點，對四方均有益。

　　不過，一項決策有利於某一方的相關利益組織，卻可能造成另一方的利益損失，正因為如此，管理者必須針對不同利害關係人的權益加以權衡，不僅對企業內部負責，也要對企業外部負責，這就是所謂的企業社會責任。管理不該只是追求個人利益的極大化，而是**追求整體企業組織的利益極大化**。

　　近年來，台灣職場頻頻出現無薪假*、超時加班*、責任制*、血汗工廠*等現象，嚴重影響勞方權益。以血汗工廠來說，企業使用廉價勞工、降低成本，卻忽視員工權益的作法，背負極大的道德風險。很多企業，往往要在公眾壓力下，為了避免聲譽受損、業績下滑，資方才會開始正視員工權益，並積極改善。

無薪假

由於景氣不佳、訂單減少，雇主要求「勞工縮短工時、縮減薪資」的措施。

超時加班

勞工每日正常工作時間不得超過 8 小時，每兩週工作總時數不得超過 84 小時。延長工作時間在 2 小時以內者，按平日每小時工資額加給 1/3 以上。再延長工作時間在 2 小時以內者，按平日每小時工資額加給 2/3 以上。

責任制

本為使員工可以彈性調整上下班時間，但部分雇主開始使用這制度規避加班費，形成「上班打卡制，下班責任制」的奇特現象。在台灣適用責任制的職業，根據勞基法第 84 條之一所示只有 13 種，包括資訊服務業的主管人員、系統工程師、法律事務所的法務人員、保險業務員、房仲人員、廣告企畫人員等，因此，並非所有產業都適用責任制。

血汗工廠

工人在工作條件惡劣、工時長且薪資低的環境下工作，這情況通常發生在缺乏法律或是工會保障的社會。

企業社會責任是一種道德承諾：以善為出發點

　　企業的社會責任不是一種對外的行銷，而是對內部利害關係人的一種道德承諾。2010年台資企業富士康接連發生一系列跳樓死亡或重傷事件，其中多數人選擇自殘的原因不明，但質疑富士康為血汗工廠的聲音始終沒有間斷，富士康老闆郭台銘特地飛到深圳坐鎮，公司後續也祭出加薪、限制加班時數等方式，避免再傳遺憾之事。

　　企業領導人可以試著問自己，類似富士康的事件如果發生在自家公司，為什麼要選擇出面回應？是擔心企業形象受損，還是知道必須平息社會上譴責的聲浪？這些其實都不是企業應盡的社會責任。

　　回到剛剛所說，企業社會責任應該由「善」的概念出發，領導者如果心存善念，就知道要從基礎面改革，讓員工感受到在公司是有前途、有希望，上班不再是被剝削。

　　罔顧社會責任的企業，不僅會耗損內部員工的能量，也會影響社會大眾對企業的信任。中國的三聚氰胺汙染事件、台灣的塑化劑汙染事件、頂新的黑心油事件等，都是黑心業者只注重利益，卻忽略社會責任所造成的重大危害，接連影響到其他食品商和通路商的信譽。忽視道德責任的企業，迫使社會大眾必須耗費大量資源、付出許多代價，這些企業也可能一夕間崩盤，頂新集團就是典型的例子。

很多大型企業只在乎 KPI 值或利潤的成長，只想減少支出，數字至上，這無異是短線的操作手法，一切還是要回到「善」的概念，從 do something good 的角度出發，就會有更多周邊效益。

以老師為例，教書的目的不該只是為了賺錢，而是認為可以對社會有些幫助，企業社會責任也是如此，很多企業重視利潤，把企業社會責任當成公益的假象，表面上捐錢做環保，以公益事業包裝，但私底下卻毫無善念支持，仍然進行違反道德與善念的運作，早晚會出事，造成企業損失。

善念從小事做起

試著想想，什麼事才是對社會有益。如果真的想為環保盡一份心力，不妨以身作則，例如以走樓梯代替乘電梯，或讓辦公室運作盡量無紙化，進而影響員工，無形中減少開銷，也是獲利的方式之一。

當企業獲利越多，就應投入更多於公益和慈善活動，像國內外大企業賺取優渥的利潤後，設有文化基金會、慈善基金會或教育基金會。比爾‧蓋茲（Bill Gates）、華倫‧巴菲特（Warren Buffett）所帶領的企業常常募集公益基金，協助賑災、救難、對外捐款、贊助藝文活動、投資教育事業，每一項都是以社會大眾權益為目標，透過長久經營，建立企業的非利益導向、重視社會道德與責任的核心價值，才能確立企

業社會形象的根基。

除此之外，企業社會責任與經營者的心態息息相關，**經營者的視野必須超越數字的概念**，如果只用成本、業績、股價等評估營運績效的指標衡量社會責任的價值，企業社會責任只是變成包裝企業外表、協助企業產品或品牌行銷的工具。完全違反企業社會責任的理念，也非企業永續經營的法則。

企業管理者應該思考的是把市場做大，讓具有市場競爭力的企業進行優勢和利基的整合，而獲得市場大部分資源的企業，也必須負起協助社會的責任，例如電信業者可持續研發無線技術，提升使用效率，讓一般民眾獲得更快、更好的通訊品質。

人才教育訓練，也是企業社會責任的一部分

另一個思考方向是，當企業發現多數社會新鮮人缺乏職場必備的技能時，應該提供更多的資源協助，而不只是怪罪教育體制的缺失。台積電創辦人張忠謀多次在公開場合談到台灣的教育體制及學生，他認為，台灣的教育過於重視考試成績和學歷，另外，現今大學生不像二十年前富有理想、抱負，對未來也沒有期待。

有類似想法的企業家不在少數，與其抱怨大學生不好用，為何不要求自己的企業好好訓練錄用的大學新鮮人呢？其實這正是企業實踐社會責任很好的著力點，有能力的企業

家可以投資大學或打造一所企業大學，將企業理念延伸到教育。或許有人認為大學教育是政府的責任，但事實上，大學教育只是基礎教育，不是與職場接軌的產業教育。企業有社會責任引導學生進入職場，一方面盡點社會責任，一方面也為自己的企業培養人才。

　　如果企業能直接投資於教育事業，共同建立學校與企業的人才訓練平台，培養出具備職場技能、市場競爭力且富有國際化視野的人力資源，對於學校、企業甚至是台灣整體社會利益，都有相當程度的幫助。

　　微軟是個很好的例子，台灣微軟推行「未來生涯體驗計畫」已有十年，每年提供超過百名大學生實習，包括行銷、業務、研發、行政等四大主流職位，讓年輕人探索潛能，參與的實習生有了一整年的實戰經驗，就業率高達九成以上，讓很多學生一畢業就順利進入職場，也為台灣培育人才。另外，微軟在世界各地創辦學校，許多學生心存感激，畢業後以進入微軟為優先考慮。

　　位於新北市泰山區的明志科技大學是由台塑創辦人王永慶一手創立，有「經營之神」美譽的他，管理哲學之一即為「績效管理」＊，但他辦教育不談績效，因為興學的目的是為了培育工業技術人才，因應經濟發展所需，堪稱是百年大計。

　　康德說得很好，不管遭遇多少挫折，社會最終都會往善

的方向走，最後還是會得到回報。真正有做到社會責任的企業，絕對能讓員工及家屬心懷感激。中華電信長期提供內部員工教育補助，曾有一位 IBM 主管談到這項補助措施，語氣中滿是感謝，因為他父親是中華電信員工，這份教育補助等於栽培他一路順利就學。過去物質相對缺乏，企業能夠給予員工實質協助，背後其實蘊含相當大的價值與意義。

台灣的企業應多花一點心思在教育、培育人才方面，試著想像一下，如果有大型企業撥出一兩億元做為教育經費，大學生畢業後可繼續在學校唸半年書，專攻特定專業，之後半年進入企業實習，再半年出國，一年支持兩三百個學生，之後也許有五十個學生進入企業，其他學生可以進入其他相關企業，如此一來形同向下紮根，穩定培養企業需要的人才。

其餘方式如美國電信業者 AT&T 輔導員工創業，現在 AT&T 要做整合，很多員工選擇回到公司，人才匯集。道理何在？因為員工可以感受到公司付出心力扶植，不會覺得自己被拋棄。

績效管理

管理者與員工在目標上達成共識，並透過激勵的方式，鼓勵員工展現優異的績效，進而實現組織目標的管理方法。

　　領導者不要忘記，企業擁有好的經營績效是因為有眾多員工支持，員工為工作所付出的時間，僅次於和家人相處的時間。有些人埋首工作的時間甚至多過在家的時間，員工的家庭生計也仰賴經營者和企業的回報。因此，企業對於利害關係人，尤其是對內部員工的社會責任或是「善念」，也是企業成長或績效指標的重要誘因。

　　經營者和專業經理人雖然掌握企業全部的資源，但心中要時時謹記自己是「管家」，應該抱持**利益共享**的觀念，給予員工物質及精神面的回報，這樣才能留住好員工。**好的經營者不僅是成立一家事業體，也是建立制度和文化**，建構一家客戶、顧客、員工尊敬的事業體，這樣才能讓員工工作有使命感、有驕傲，這是企業永續經營的根基。

　　不論是大小企業的經營者，道德與責任應該及時去做，包括給員工的關懷及獎賞，及時且適時地了解員工的需求，給予關心與問候，而非僅是工作上和商業上的互動。

　　經營企業時必須將企業的價值觀和社會的價值觀連結在一起，大型的企業應該帶頭成為標竿企業，將道德與責任變成公司的 DNA，落實在公司管理制度與文化上，貫徹管理階層、幹部與員工們的認知，進而能夠影響周圍的企業及消費者。

　　小型的企業必須向大型企業學習，不僅僅是學習商業模

式，把公司的規模和營收做大，也要學習道德與責任的內涵，透過自我要求、教育和訓練等方式，朝向社會型企業的方向邁進。

談到企業經營，許多經理人第一個想法是「利字當頭」，只想著如何把市場做大，提高利潤；其次是追求「永續經營」，企業歷久不衰。不過，這樣從「利」字出發的經營思維，卻不是良善的。真正好的企業，應該秉持「服務」精神，用心創造更優秀的產品，替消費者帶來更便利的生活，共同創造更幸福的社會。經營者服務的用心，一定能透過產品傳達給消費者，形成一個好的循環。

飲水要思源。每個企業體都依賴著員工而運作，也依賴社會大眾的消費而生存，企業體日漸茁壯的同時，也應心懷感恩，感謝員工的支持和社會大眾的養分；行有餘力之時，應從被支持者的角色，轉為較為平等的付出者角色，投入一己之力，無論是參與公益活動，或者是建立好的文化、制度，為員工帶來更幸福的生活，這樣的幸福感便能逐漸傳遞至社會每個角落，無形中更落實「服務」的精神，**企業體與社會共榮共存，才能真正達到永續經營。**

一切都從善開始，善是無所求的，但所獲得的善利，則是企業永續的根基。

CHAPTER 16

前瞻預測

前瞻預測是一種想像力與判斷的過程：
從過去汲取經驗，再比對當下的發展，
才能推測未來的演變。

Witch 1: All hail, Macbeth! hail to thee, thane of Glamis!

Witch 2: All hail, Macbeth, hail to thee, thane of Cawdor!

Witch 3: All hail, Macbeth, thou shalt be king hereafter!

Banquo: Good sir, why do you start; and seem to fear things that do sound so fair?

———William Shakespeare, *Macbeth*

女巫甲：敬禮，麥克貝斯！有禮了，格拉姆斯爵爺！

女巫乙：敬禮，麥克貝斯！有禮了，考德爵爺！

女巫丙：萬歲，麥克貝斯！未來的君王！

（麥克貝斯倒退一步，猛然轉身）

班　戈：好將軍，怎麼你吃了一驚，聽到這些聽來很好的話，倒像在害怕？

———莎士比亞，《馬克白》

（新莎士比亞全集，第五卷，方平譯）

莎士比亞著名的悲劇劇作《馬克白》中，馬克白在打完勝仗回國途中遇到三名女巫，女巫接連預測，最終他會當上蘇格蘭國王；受到預測的影響，加上老婆慫恿，馬克白果真造

反，奪取王位。

然而，之後馬克白飽受幻覺、惡夢所苦，他只好向三名女巫求援，女巫召喚了鬼魂，鬼魂安撫馬克白不要害怕，凡是從女人身體出來的人，都無法傷害他。結果，馬克白登基前就死於戰場，而兇手是經由剖腹產生下，確實不是從女人身體出來的人。

馬克白的故事啟示我們去試想，如果你是馬克白，聽到女巫預測自己會登基，如果自身企圖心不夠，當然不為所動。問題是，為什麼女巫的話會讓他百般思索、轉側不安，因為女巫的話說到他心坎裡了，奪位登基的野心早就有跡可循。

企業人談前瞻，就像是人們去算命。算命師有一套預測機制，透過被算命者的言行、表現，去推測被算者的想法，說到底，算命其實是一種想像力及判斷的過程，而企業前瞻預測也是如此。

企業為何須前瞻預測？

企業為什麼需要前瞻思維，答案很簡單：企業要永續經營，如果沒有前瞻思維，不曉得市場能維持多久，內部員工比較會跳槽，且向心力不足。

然而，大家都談前瞻，但前瞻到底是預測趨勢？算命卜卦？還是創造趨勢？趨勢到底是一種不可知的未來？還是由某些因素所創造出來的呢？現在我們使用智慧型手機已經成

為一種趨勢，接下去穿戴型科技也將成為趨勢。到底是蘋果公司創造了智慧型手機的風潮？還是消費者對手機的需求朝向智慧功能發展，因此創造了智慧型手機風潮？簡單地問，使用智慧性手機趨勢怎麼產生的？

要回答這個問題，我們先來談趨勢發展中一個經典的議題：品味是怎麼形成的？

品味的形成，是個美學問題。喜歡或欣賞某樣東西，不但跟個人傳統的思維有關，也跟社會對於美或品味的形成有密切關係。有人可能認為品味或美的感覺是個人主觀，並沒有一個大家所認定的客觀標準。其實不然，很多我們對於事物的看法，可能是集體的認知。最簡單的例子就是對於美女的定義，有些時代認為豐腴才是美，有些時期喜歡纖細的感覺；時尚流行更是如此，某些時期瘋狂迷你裙，有些時候長裙飄逸才是高尚品味。

德國哲學家及美學大師康德認為，美是有標準的，屬於一種集體概念，而每個人難免會有先入之見。對某件事有「先入」的認知程度，這一層認知是理性，不是感性，例如你認為這家餐廳好吃，理由是食物不會太鹹，「不會太鹹」就是理性的評價，而這評價剛好符合原先的認知，「美」就產生了。

先入之見是可以塑造的，環境就可以形塑品味，以林志玲為例，十幾二十年前誰知道她會是台灣第一名模？其實，林

志玲已經出道十幾年，邁入熟女階段才竄紅，一來是因為她本身的特質，二來是市場需求，市場剛好到了欣賞瘦瘦的氣質熟女的時候。

既然品味、美感經驗或時尚都可以塑造，那前瞻趨勢是預測來的或創造的呢？到底是蘋果公司創造智慧手機的趨勢？還是他們預測到智慧手機的趨勢？答案應該是兩者都有。如此說來，前瞻到底是女巫預測？還是真有脈絡可循？

請你仔細觀察，是否在其中看到一些方法論？如果有，就是前瞻和理想；如果沒有任何方法或策略，可能就是街頭算命或女巫卜卦。

前瞻預測是一種方法論

我們一直認為前瞻預測是一種方法論。首先，要做到前瞻預測，**必須從過去汲取經驗，再比對當下的發展，才能推測未來的演變。**筆者長期觀察業務銷售狀況與進行財務預測，沃爾瑪過去是令人稱奇的企業之一，以折扣商店模式崛起，靠著美國戰後嬰兒潮的龐大消費力，成為全球最大零售商百貨；而台灣著名的零售企業大潤發，看重未來中國市場急速興起的消費能力，也希望透過類似沃爾瑪的模式在中國市場發展，先在二、三線城市布點，之後邁入一線城市發展。

大潤發的營運策略與當初沃爾瑪的策略相當類似，不論是銷售策略或物流體系＊，透過有效學習成功典範，成功帶動大

潤發在台灣和中國市場的完善發展，甚至超越其他競爭者如家樂福和沃爾瑪，成為中國量販事業的龍頭。

前瞻預測的工具：從願景想像開始

有哪些工具可以協助前瞻預測？第一個是**想像力**，例如想像幾十年後的生活，一般來說，接觸層面越廣泛的人，想像空間最好，例如記者或市場分析師。這種願景想像，**建立在對理想或人類幸福的感覺上**。賈伯斯曾提到，他想創造一些新的生活方式，要徹底改變人類使用科技工具的新品味與體驗，智慧手機就是其中的產品與趨勢。

其餘前瞻預測工具，還有需求分析、實力分析或是技術分析。

這些工具中，最重要的是「想像力」，國外有句諺語："Sky is my limit"，想像空間沒有極限。回到馬克白的故事，身

物流體系

完成物流營運作業的全體流程，由輸送工具、倉儲設備、人員及通信等要素構成，主要流程可分為包裝、裝卸搬運、運輸、儲存保管、流通加工、配送及物流資訊的傳遞。

為將軍企圖謀殺國王，這就是殺君叛國，但是，如果沒有想像成為國王的可能性，馬克白一生都是忠君愛國。

想像力如何運用？

運用想像力預測前瞻，不是只有想像未來，而是必須先從從過去的成就中汲取經驗，再比對當下發展，才能推測未來演變。舉例來說，過去以產品、技術為發展導向的時代，企業考量的重點往往著重在兼顧效益與效率，同時持續提升技術，做為產品特色以吸引消費者。

不過，時至今日，follow your customer 成為企業經營策略的主流，舉凡發掘及回應市場需求、提供合理價格、重視產品差異化＊、強調服務和品牌價值等商業經營模式，都是以滿足顧客需求為目的。Amazon、Apple、Facebook、Google、Tesla 等追求產品與服務創新的企業，也都成為這個時代的代表。

產品差異化

廠商利用本身優勢滿足消費者的特殊偏好，在生產及銷售的過程中，使自己的產品與其他廠商的產品有所區隔，進而在競爭的市場中處於較有利的地位；品牌是產品差異化的例子之一。

　　由過去到現在，產業的另一個重要轉變正在形成：採取生產與銷售體系整合的經營模式，逐步轉變為提供附加價值較高的產品與服務，生產流程則與外部供應商合作，至於產品的技術層面，只要能夠因應消費者的需求，技術層次已經不是企業的第一優先考量。

　　就像蘋果電腦的 iPhone、Apple pay，就產品效能來看，並不是市面上最好的產品，但現今消費者在意的是「便利」及「易於使用」等特質，iPhone、Apple pay 不僅滿足消費者的需求，還抓住消費者追求時尚的喜好，當然可在商業經營模式的轉變中，搶先以新的消費型態在市場占有一席之地。

掌握產業改變的趨勢：市場與消費者

　　那麼，企業要如何掌握消費者在意的特質？要了解市場的需求，我們一定要回到人的本質，也就是柏拉圖所說「四大基本需求」，包括飲食、自由、成就感、品味（美），從中大概可以看出，一個市場的形成，第一個是生理需求，第二是心理需求，需求出來之後，市場就開始創造品味。

　　簡單說，我們必須放眼十年、二十年後的市場，這就是前瞻預測。

　　如何挖掘（或創造）未來市場需求？首先，專業經理人在市場資訊的蒐集與解讀上，必須有他獨到的能力和見解，能**夠分辨一時流行與長期趨勢之間的差異**，並專注在現今市場

的資訊變動。趨勢並不是突然崛起、突然消失，而是經過一段時間的沉潛與醞釀。

除了外在環境，現今產品與企業生命週期循環越來越短，企業應該清楚掌握內在核心能力於市場上的競爭優勢，只要擁有一項利基足以與競爭對手比拚，集中核心資源全力發展，就可能在市場上占有一席之地。例如，大立光電、宸鴻光電、正達國際光電、可成科技，分別用光學鏡頭、電容式觸控產品、光學玻璃及一體成型的金屬機殼設計，透過這些競爭利基在國際市場上獲得青睞。

然而，為了因應市場需求的變化，企業經營者除了維持現有組織的運作之外，同時必須專注在市場資訊的蒐集，種種資訊的累積將有助於經營者判斷未來趨勢的轉變，這就是企業願景的重要性。

企業願景的建立是**從企業核心資源角度去思考，分析它與市場環境、外在力量之間的交互作用所形成的前瞻景象**，進而轉化為產品、服務或品牌價值的具體行動方案。

不要沉迷於成功的模式

為了達成願景，企業必須適度擺脫過去成功營運模式所造成的窠臼，甚至汰換原有的營運模式，不論是積極擬定新策略因應市場挑戰，或是為了開創新市場、新事業，持續採取有機成長策略、併購策略，經營者應持續保有對市場需求及

商業模式的想像力。同時，企業也應強化自身視野的深度與廣度，並對於企業內部組織成員由上而下產生影響力，讓整體企業持續感受市場環境的演進。

如同先前所說，市場趨勢其實是一連串的契機演變而成，如何成功地洞燭機先，從規畫願景到具體實現，即使未來充滿不確定性，持續追求突破與積極嘗試是現代企業經營者應該具備的正確心態。

二十一世紀的趨勢

放眼二十一世紀，未來整體產業發展有幾項值得注意的趨勢，例如，二元化的特性更為明顯，HTC 以大量客製化為原則，鎖定商務應用與高階市場，而 Apple 則是以市場普遍性為主，較注重消費者體驗與大眾市場。垂直整合*的效率生產

垂直整合

產品從原料到成品會歷經不同的生產階段，垂直整合是指合併某兩個生產階段中處於不同層次的業務，也就是整合生產流程中具有上下游關係的工廠或企業。垂直整合的優點為廠商能夠掌握資源、改善生產排程，缺點是協調成本高、整合不易。

體系，及注重專業分工的水平整合＊模式，這兩種模式代表企業針對未來市場投入資源前應仔細思考的方向，包括持續重視供應商、消費者對於產品或服務的意見回饋，也都相當重要。

二元化極端發展還有以下幾點值得觀察。這幾年夏天越來越熱，年輕人喜歡躲在室內，室內消費也是趨勢發展之一。最近國內數家百貨公司業者從事整合，可能是看到未來十年後的消費型態，整合大型購物中心與百貨公司的功能，所有消費都集中一起，消費者一次完成休閒、採買，不必日曬雨淋；相反地，中老年人喜歡接近大自然，戶外休閒商品就是另一個值得開發的市場。

此外，M 型社會的情形日趨嚴重，城市化以後可能帶來物美價廉的生活，但另一端越來越趨高檔的生活型態也漸成形。至於這兩端中間的市場需求，受重視程度會逐漸遞減。

水平整合

整合不具有上下游關係但產品性質或定位相似的工廠或企業，將生產過程中同一層次的業務合併在一起，優點是增強對市場價格的影響力、降低成本等，缺點是可能遭到封鎖或排擠。

現在西方對東方文化的接受度越來越高，東西方文化也會日漸融合。

另一種趨勢是「多合一」，很多設備會集中在一起，合而為一，例如三網合一：電話、有線電視、網路的合一；手機可能會代替筆記型電腦，它可能可以摺疊或是運用雷射運作，各種資訊可以配合雲端科技，再由手機接收。

不過，有些趨勢，如「多合一」，早在多年前就隱約成形，迄今卻仍只停留在理想境界，主要原因是技術面沒有突破，其次還有勢力範圍的問題。但進度不會永遠停滯，最終還是因市場需求而有所突破。

持平而論，人類經濟有大規模進展是近一百年的事，主要是因為通訊、交通有重大發展，例如網路、飛機，帶動周邊發展，但未來類似突破性的發展會越來越少，只能在現有基礎上發展新的趨勢，例如蓋房子講求節能環保。

研判未來趨勢，人口結構也是一個觀察重點。非洲和新興國家的人口一直增加，導致總人口持續上升，而歐美、亞洲國家人口逐漸老齡化、少子化，整個社會又走向 M 型化，在這趨勢下，未來的經濟發展也值得關注。

整體而言，歐美國家在衰退中，且社會負擔和政府支出基本上不會繼續成長。未來經濟成長的引擎可能在新興國家，預估占整體成長率的 75％，而中國市場約占 30％。因此，各界也持續關注新興國家及中國市場。值得注意的是，歐美國

家現在的困境，新興國家未來也可能會碰到，例如高失業率或低薪，政府傾向降低財務、債務，加稅也是一個方向。

其餘可能有發展的趨勢，包括需要照護的人越來越多，照護品質值得關注，機器人在各類產業及生活上的應用，另外，環境保護的聲浪越來越高，非核訴求日益受到重視，再來就是網路生活更加明確，現在網路購物的市場占 10％，以後可能更高，心靈生活的需求也可能增加。

心理需求增加

剛剛提到市場分成兩個需求，一個是生理，一個是心理。生理需求包括食、色，這兩個市場可能也會出現兩極化的趨勢，而心理上的需求可能會超過生理需求，包括追求美與成就感。

回頭看看我們的成長經驗，許多人出身困苦，比較重視生理需求，為了溫飽，只能一路往前衝，「沒有進步就是退步」，但等到下一代成長時，不論是大環境或個人經濟條件都已改善，就比較重視心理需求，例如打電動。也有一種分析認為，現代年輕人對未來的期望降低很多，既然眼前難以突破，只能寄情於電玩等聲光娛樂中。

現今市場需求多是創造「想要」，讓「想要」比「需要」更重要，心理需求的市場越來越大，一些以「小確幸」為標的的產業也漸漸產生。以喝咖啡為例，根據財政部關稅

署統計，台灣咖啡（含生豆、熟豆及含咖啡成分的產品）進口量已由 2008 年的 11,599 公噸，成長到 2012 年的 18,488 公噸，顯示台灣對於咖啡的需求量越來越高；估計整體咖啡市場已經達到 500 億元以上的規模，每人每年平均喝掉超過 100 杯咖啡。

然而，喝咖啡其實是心理需求，不喝咖啡也不會影響正常生理運作；吃高檔料理、打電動也不是生理需求，那是滿足心理層面的享受。

此外，最近各國政府所大力推動的文化創意產業，也是一種滿足心理需求的小確幸產業，對於文化產品及創意的追求，是提升生活品質與心靈層次的一種市場趨勢。

那要怎麼持續創造心理需求？答案還是先研究人性。

市場研究機構調查，坊間手機品牌中，果粉的忠誠度最高，90％ 的蘋果用戶在購買新手機時，仍會選擇 iPhone，iPhone 的黏著度不僅最高，也有不斷上升的趨勢。

認真想想，iPhone 是必需品嗎？其實，除了少數果粉懂得運用 iPhone 的功能外，多數人只是拿來玩，很多功能都用不到，沒有 iPhone 也可以玩，但玩久了就變成必需品，這就是創造「想要」，讓「想要」比「需要」更重要。

受到市場環境瞬息萬變的影響，現今所有的企業體生命週期循環越來越短，同時競爭也更為激烈，因此，能否順利預測市場未來走向，就成了關鍵性因素。如果能成功預測未

來，就能提早布局，迎接下一波的成功；但如果錯失**趨勢**，則只能在後場力拚剩餘的市場。

　　精準的前瞻預測，是再理性不過的分析。無論市場需求分析、技術層面分析、實力需求分析，甚至是人性分析，在在隱含著趨勢的線索，如果能加以組織、再分析甚至利用大數據，同時發揮想像力突破既有的框架、強化自我特色，便能夠成功引領一波潮流，甚至創造新的市場需求，不但成功預測未來，更能創造新的生活方式。

　　女巫預測或許是一種神話，但是也隱含對於未來創造的一種動力。當女巫的預言觸動了馬克白內心的渴望，剎那間，預測就可能成真。期望企業都有那種女巫預測的魔力，啟動企業創新的能量，進一步不僅能預測**趨勢**，更能創造**趨勢**！

用簡單的方法　做複雜的事：文學與管理的對話

2015年9月初版　　　　　　　　　　　　　　　定價：新臺幣290元
2018年12月初版第二刷
有著作權・翻印必究　　　　　　　　　著　　　者　陳　超　明
Printed in Taiwan.　　　　　　　　　　　　　　　　謝　劍　平
　　　　　　　　　　　　　　　　　　　叢書主編　鄒　恆　月
　　　　　　　　　　　　　　　　　　　封面設計　黃　聖　文
　　　　　　　　　　　　　　　　　　　內文排版　林　潔　瀅

出　版　者　聯經出版事業股份有限公司　　　總編輯　胡　金　倫
地　　　址　新北市汐止區大同路一段369號1樓　總經理　陳　芝　宇
編輯部地址　新北市汐止區大同路一段369號1樓　社　長　羅　國　俊
叢書主編電話　(02)86925588轉5315　　　發行人　林　載　爵
台北聯經書房　台北市新生南路三段94號
　　　電話　(02)23620308
台中分公司　台中市北區崇德路一段198號
暨門市電話　(04)22312023
郵政劃撥帳戶第0100559-3號
郵撥電話　(02)23620308
印　刷　者　文聯彩色製版印刷有限公司
總　經　銷　聯合發行股份有限公司
發　行　所　新北市新店區寶橋路235巷6弄6號2F
　　　電話　(02)29178022

行政院新聞局出版事業登記證局版臺業字第0130號

國家圖書館出版品預行編目資料

用簡單的方法　做複雜的事：文學與管理的對話
/陳超明、謝劍平著．初版．新北市．聯經．2015.09．
256面；14.8×21公分．(生活視窗；27)
ISBN　978-957-08-4612-6（平裝）
[2018年12月初版第二刷]

1.管理科學　2.人文思想

494　　　　　　　　　　　　　　　　　　　104016760